# ZEITSCHRIFT FÜR ANGEWANDTE GEOLOGIE

HERAUSGEGEBEN VOM
ZENTRALEN GEOLOGISCHEN INSTITUT
IM AUFTRAG DES
STAATSSEKRETARIATS FÜR GEOLOGIE

AUS DEM INHALT

W. Schirrmeister
Der Einfluß der Ostsee auf die Lage der Versalzungsgrenze in küstennahen Grundwasserleitern

C. Döhner
Die Feinstratigraphie des Staßfurtflözes im Südharz und ihre Parallelisierung mit dem Unstrutgebiet

G. Krumbiegel, V. Köcke & W. Schmidt
Lithostratigraphie und Lagerungsverhältnisse des Tertiärs und Pleistozäns am Nordrand des mittleren Geiseltales

G. Milde, K. Fröhlich & C. Klinger
Ergebnisse und praktische Folgerungen physikalischer Altersbestimmungen an Grundwässern

W. W. Bjelousow
Die Tektonosphäre der Erde. Ergebnisse und Aufgaben der Forschung

AKADEMIE-VERLAG · BERLIN

BAND 16 / HEFT 1
JANUAR 1970
SEITE 1—56

| | INHALT | СОДЕРЖАНИЕ | CONTENTS | |
|---|---|---|---|---|
| G. MILDE, U. HAGENDORF & H.-U. TETZLAFF | Zur paläohydrogeologischen Entwicklung des Jungmesozoikums und Alttertiärs im Bereich der Norddeutsch-Polnischen Senke | О палеогидрогеологическом развитии позднемезозойского и раннетретичного времен в пределах Северогермансko-Польской впадины | On the Palaeohydrogeological Development of the Young Mesozoic and Old Tertiary in the Area of the North German-Polish Depression | 1 |
| W. SCHIRRMEISTER | Der Einfluß der Ostsee auf die Lage der Versalzungsgrenze in küstennahen Grundwasserleitern | Влияние Балтийского моря на расположение границ засоления в расположенных вблизи берега водоносных горизонтах | Influence of the Baltic Sea on the Position of the Boundary of Oversalting in Nearshore Aquifers | 10 |
| A. P. MORDWIN | Die Methodik der Suche nach Fluoritlagerstätten im westlichen Transbaikalien | Методика поисков флюоритовых месторождений в западном Забайкалье | The Technique of Prospecting for Fluorite Deposits in Western Transbaikalia | 14 |
| C. DÖHNER | Die Feinstratigraphie des Staßfurtflözes im Südharz und ihre Parallelisierung mit dem Unstrutgebiet | Детальная стратиграфия Стасфуртского пласта в Южном Гарце и его параллелизация с районом Унструта | Refined Stratigraphy of the Stassfurt Seam in the Southern Harz and its Correlation with the Unstrut Area | 16 |
| G. KRUMBIEGEL, V. KÖCKE & W. SCHMIDT | Lithostratigraphie und Lagerungsverhältnisse des Tertiärs und Pleistozäns am Nordrand des mittleren Geiseltales | Литостратиграфия и условия залегания третичных отложений и плейстоцена северного края средней части Гейзельталя | Lithostratigraphical and Mutual Relations of the Tertiary and Pleistocene at the Northern Margin of the Middle Geisel Valley | 24 |
| G. MILDE, K. FRÖHLICH & C. KLINGER | Ergebnisse und praktische Folgerungen physikalischer Altersbestimmungen an Grundwässern | Результаты и практические выводы физических определений возраста грунтовых вод | Results Obtained by and Practical Conclusions to Be Drawn from Physical Determinations of the Age of Ground Waters | 35 |
| W. STEINER | Der Pariser-Horizont im Travertinprofil von Ehringsdorf bei Weimar und seine Genese | Парижский горизонт в Эрингсдорфском разрезе травертина около г. Веймара и его происхождение | The Parisian Horizon in the Travertine Profile of Ehringsdorf near Weimar and its Genesis | 41 |
| W. W. BJELOUSOW | Die Tektonosphäre der Erde. Ergebnisse und Aufgaben der Forschung | Тектоносфера Земли. Результаты и задачи исследований | The Tectonosphere of the Earth. Results and Problems of Research | 45 |
| Informationen, Kurnachrichten | | | | 55 |



Die ZEITSCHRIFT FÜR ANGEWANDTE GEOLOGIE berichtet ständig über folgende Arbeitsgebiete: Geologische Grundlagenforschung und Lagerstättenforschung / Methodik der geologischen Erkundung / Ökonomie und Planung der geologischen Erkundung Technik der geologischen Erkundung / Geologie und Lagerstättenkunde im Ausland. In der Zeitschrift können alle strittigen Fragen der praktischen Geologie behandelt werden. Die Autoren übernehmen für ihre Aufsätze die übliche Verantwortung.

ZEITSCHRIFT FÜR ANGEWANDTE GEOLOGIE

Träger der Ehrennadel in Gold der Gesellschaft für Deutsch-Sowjetische Freundschaft

KOLLEKTIVE CHEFREDAKTION

Dr. K. KAUTER (Redaktionssekretär)
Prof. Dr. F. STAMMBERGER
Dr. habil. G. TISCHENDORF

BAND 16 · JANUAR 1970 · HEFT 1

# Zur paläohydrogeologischen Entwicklung des Jungmesozoikums und Alttertiärs im Bereich der Norddeutsch-Polnischen Senke

GERALD MILDE, ULRICH HAGENDORF & HANS-ULRICH TETZLAFF, Freiberg (Sa.)

(Sektion Geowissenschaften der Bergakademie Freiberg, Lehrstuhl f. Hydrogeologie, Sektionsveröffentlichung Nr. 79)

## 1. Einleitung

In neuerer Zeit gewinnt die paläohydrogeologische Forschungsmethodik immer mehr Bedeutung, da sie ein neues Hilfsmittel für geologische Sucharbeiten darstellt. Paläohydrogeologische Arbeiten sind deshalb von besonderem Wert, weil Wässer zu allen geologischen Zeiten universelle Lösungs- und Transportmittel darstellten und sowohl Anreicherungen unterschiedlichster Nutzkomponenten als auch Zerstörungen von Nutzstofflagern bewirkten.

Regionaluntersuchungen dieser Art werden mittels der paläohydrogeologischen Faktorenanalyse durchgeführt und sollten sich möglichst auf zeitlich und räumlich begrenzbare Einheiten erstrecken. Betrachtet man die einzelnen paläohydrogeologischen Faktorenkomplexe, wie

a) paläohydrogeologisches Grundregime;
b) Entwicklungsablauf der hydrogeologischen Etappen;
c) Lagerungsverhältnisse und hydrogeologische Eigenschaften von Sedimentkomplexen während ihrer geologischen Entwicklungsgeschichte;
d) Paläohydrodynamik;
e) Wasseraustauschintensität;
f) hydrogeochemische Bedingungen und
g) paläoklimatische Verhältnisse,

so ist ihre Herausarbeitung nur durch eine umfassende geowissenschaftliche Betrachtungsweise (MILDE, HAGENDORF & TETZLAFF 1969) möglich. Wichtigste Voraussetzung für eine Rekonstruktion hydrogeologischer Verhältnisse sind Kenntnisse der paläogeographischen und tektonischen Entwicklung. Ihr wissenschaftlicher Erkenntnisstand beeinflußt in entscheidendem Maße den Wert und die Aussage der paläohydrogeologischen Angaben.

Wenn auch für unseren Betrachtungsraum diese Voraussetzungen nicht umfassend vorlagen, soll trotzdem ein erster skizzenhafter Versuch zur Erfassung paläohydrogeologischer Vorgänge und Bedingungen im Bereich der Norddeutsch-Polnischen Senke unternommen werden. Die Erarbeitung der wesentlichen paläohydrogeologischen Grundzüge erfolgte dabei auf der Grundlage von Veröffentlichungen zahlreicher Autoren, von denen insbesondere BRAND & HOFFMANN (1963) DADLEZ (1967), DIENER (1967), HÖLDER (1964), KÖLBEL (1959, 1967), POŻARSKY (1958), SORGENFREI (1963), WATZNAUER (1969), WIENHOLZ (1967) und VOIGT (1963) zu nennen sind.

## 2. Überblick über die paläogeographische Entwicklung von Jura und Kreide sowie des Alttertiärs

Mit der Rät-Transgression war die Entwicklung des Germanischen Beckens abgeschlossen; es begann die Periode der jungmesozoischen Schelfmeere (Flach- bis Tiefschelf), die bis zu Beginn des Känozoikums bestanden.

Eingang des Manuskripts in der Redaktion: 2. 9. 1969.

Der norddeutsch-polnische Jura wurde in einem von Nordwestdeutschland nach S und SE verlaufenden Senkungsraum abgelagert. Als Landflächen begrenzten diesen z. T. durch tiefer absinkende Becken untergliederten Raum während des gesamten Juras die Ardennisch-Rheinische Insel im W, das fennoskandisch-russische Festland im N sowie die Böhmische Masse im S und SE. Die diesen Festländern vorgelagerten Küstenebenen verschoben sich trotz intrajurassischer Transgressionen und Regressionen nicht wesentlich. Die Küstenlinien zeigten vornehmlich rheinische und herzynische Richtung. Erst im oberen Jura wurden sie durch die Öffnung der Baltischen Straße durch einen west-östlichen Verlauf abgelöst. Mit Ausgang des Juras bewirkte eine große Regression, daß weitere Teile der nordeuropäischen Senkungszone Festland wurden.

Im Gegensatz zum Jura ist die Entwicklung der Kreide durch einen stärkeren Wechsel von Transgressionen und Regressionen sowie durch eine intensivere Untergliederung des Sedimentationsbeckens in Einzeltröge gekennzeichnet. Die sich seit dem oberen Jura nach E ausweitende Norddeutsch-Polnische Senkungszone wurde während der Kreide im N durch das weiterbestehende fennoskandisch-russische Festland und im S durch die Mitteldeutsche Landbrücke flankiert. Diese paläogeographische Grundanlage kann u. a. lithofaziell und durch häufige Änderungen der Küstenlinien (herzynisch bis ost-westlich) in drei Etappen untergliedert werden. Die letzte von ihnen fand an der Wende Kreide/Tertiär durch eine das gesamte Gebiet umfassende Regression ihren Abschluß.

Die Norddeutsch-Polnische Senke bildete zum Ausgang des Paläogens nochmals einen umfassenden Sedimentationsraum (Oligozän), der sich seitdem mehr oder weniger kontinuierlich verkleinerte.

## 3. Paläohydrogeologische Entwicklung von Jura und Kreide sowie des Alttertiärs

### Paläohydrogeologisches Grundregime (Sedimentations- und Infiltrationsräume)

Die Norddeutsch-Polnische Senke stellte im Jura einen relativ einheitlichen Sedimentationsraum dar, dessen zeitlicher Beginn nur schwer exakt festzulegen ist. Die Rät-Transgression leitete zwar eine große Sedimentationsetappe ein, doch gibt die brackischlagunäre bis flachmarin-litorale Fazies des tieferen Keupers Hinweise auf mögliche prärätische Sedimentationsräume. Sollte zwischen dem mittleren Keuper und dem Rät keine Schichtlücke bestehen, so sind diese Sedimentationsstadien der jurassischen Sedimentationsetappe zuzurechnen. Ebenso treten aber auch echte Infiltrationsräume im Keuper auf (terrestrisch-fluviatile Fazies). Unter Berücksichtigung dieser Vorbehalte wird der Keuper daher sowohl der Infiltrationsetappe als auch der Sedimentationsetappe zugeordnet (Abb. 1a).

Der jurassische Sedimentationsraum ist während des Lias in seinen westlichen und nordwestlichen Teilen eindeutig marin (Abb. 1b); weiter östlich geht er in festländische Fazies über, der marine Einlagerungen besonders im oberen Lias (KÖLBEL 1967) eingeschaltet sind. Diese Gebiete werden demzufolge sowohl als Sedimentations- als auch als Infiltrationsräume ausgehalten. Im S und N werden diese Übergangsbereiche von den in Abschnitt 2. aufgeführten Landmassen umgeben.

Im Dogger bestand im allgemeinen ein ähnliches paläohydrogeologisches Grundregime. Das Sedimentationsraumzentrum lag in Nordwestdeutschland (südlich der Nordsee); östlich schlossen sich Übergangsbereiche zu den Infiltrationsräumen und Festlandsbereiche im N, E und S als echte Infiltrationsräume an. Auf eine nähere Darstellung sei verzichtet.

Kam es im Malm (Oberer Dogger) auch zu einer bedeutenden paläogeographischen Umgestaltung im Bereich der Norddeutsch-Polnischen Senke, so blieb der gesamte Betrachtungsraum bis wenigstens zum Oberoxford (Korallenoolith) als geschlossener Sedimentationsraum bestehen. Darüber täuschen auch nicht die z. T. lückenhaften Profile des Unteroxford im wesentlichen Bereich des Senkungsraums hinweg.

Erst im Oberoxford und Kimmeridge treten im bisherigen Sedimentationsraum nachweisbare Infiltrationsgebiete (HÖLDER 1964; KÖLBEL 1968) auf, die von marinen Ingressionen jedoch häufig unterbrochen wurden (Oberes Wolga).

Nach der im höheren Malm einsetzenden Epoche häufig wechselnder Sedimentations- und Infiltrationsräume herrschte in der Unterkreide (Wealden und Valangin, DIENER 1967) in der Norddeutsch-Polnischen Senke ein großflächiger Infiltrationsraum vor (Abb. 1c). Die marinen bis brackisch-limnischen Einflüsse (Nordwestdeutschland, Dänisch-Polnische Straße) schränken die kontinentale Entwicklung des Gebiets in diesem Zeitabschnitt zwar ein, doch dürfte dem bis zu diesem Zeitpunkt größten jungmesozoischen Infiltrationsraum besondere Bedeutung zukommen. Mit Beginn der Hauterive-Transgression treten flächenmäßig wieder marine Sedimentationsräume hervor, deren räumliche Verbreitung im allgemeinen nicht über die des Wealden und Valangin hinausreicht. Ihre südliche Begrenzung war durch die Mitteldeutsche Hauptlinie mit den sich in Hebung befindlichen Grundgebirgsschollen der Böhmischen Masse gegeben. Im N und E wurden diese Räume nach DIENER (1967) von mehr oder weniger stark hervortretenden Schwellengebieten begrenzt.

Erst ab der Wende Unterkreide/Oberkreide, z. T. schon ab Mittelalb, kommt es zu einer wesentlichen Vergrößerung des Sedimentationsraums (Cenoman-

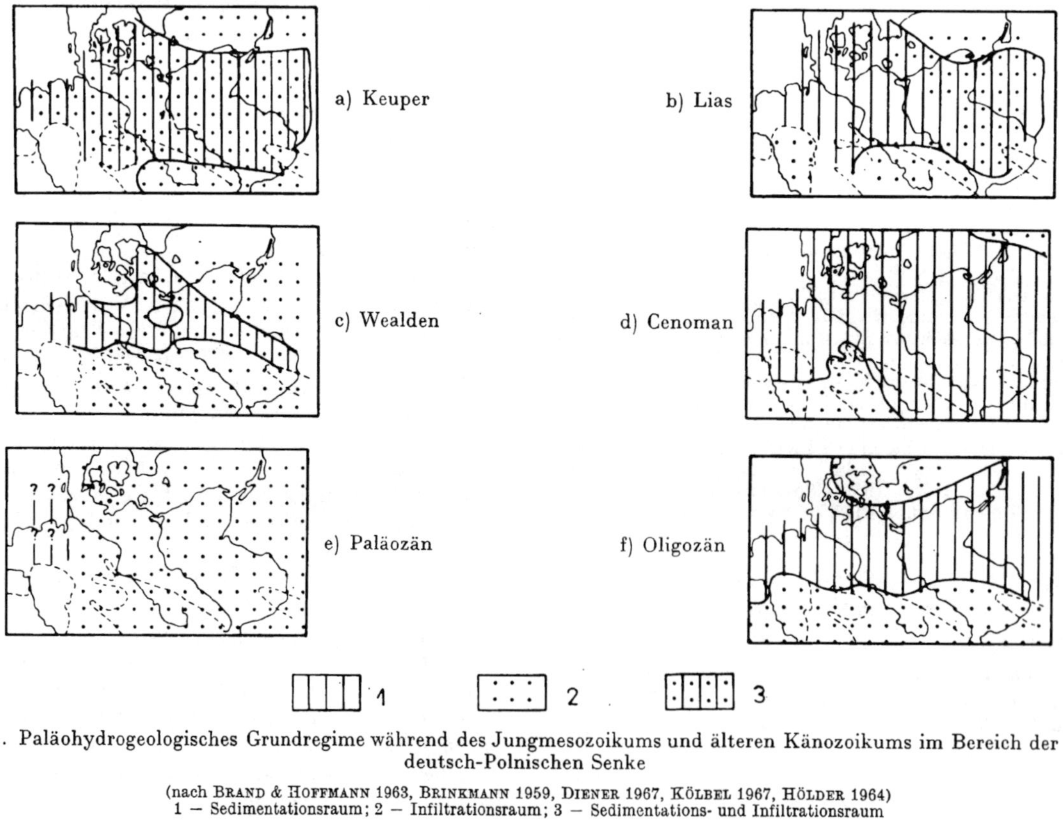


Abb. 1. Paläohydrogeologisches Grundregime während des Jungmesozoikums und älteren Känozoikums im Bereich der Norddeutsch-Polnischen Senke

(nach BRAND & HOFFMANN 1963, BRINKMANN 1959, DIENER 1967, KÖLBEL 1967, HÖLDER 1964)
1 – Sedimentationsraum; 2 – Infiltrationsraum; 3 – Sedimentations- und Infiltrationsraum

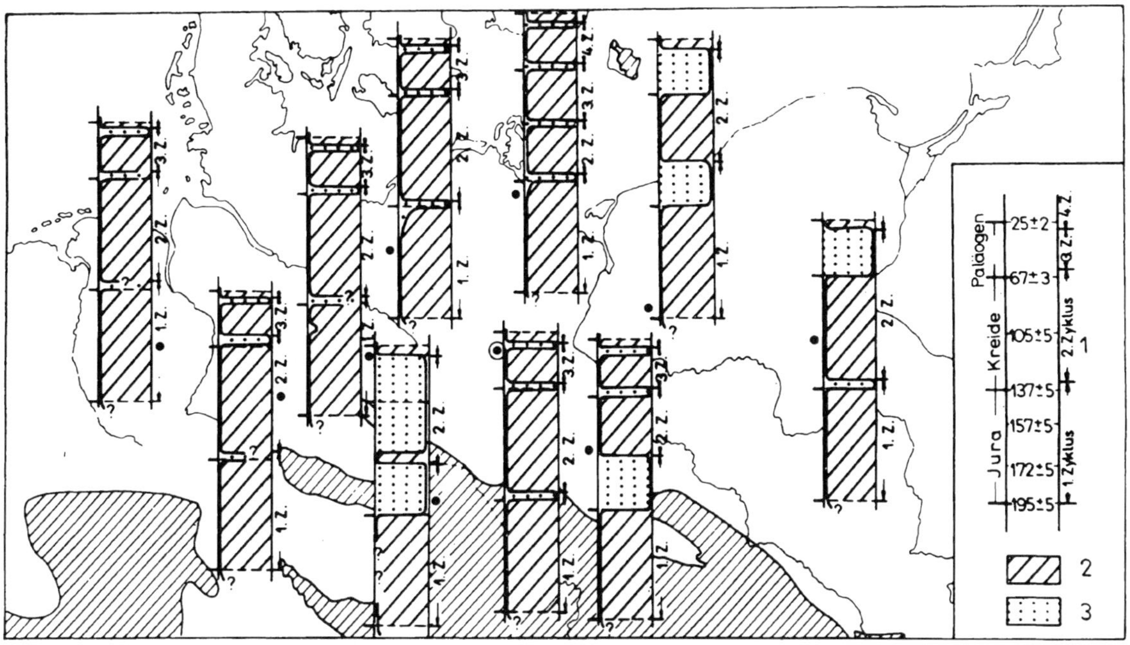


Abb. 2. Hydrogeologische Zyklen während des Jungmesozoikums und Alttertiärs

1 – Zeitmaßstab in Mill. Jahren; 2 – Sedimentationsetappe; 3 – Infiltrationsetappe

Transgression), der im Turon seine maximale Ausbreitung erfährt (MUSSTOFF 1966). Dabei wurden auch Gebiete erfaßt, die bisher außerhalb der nordeuropäischen Senkungszone lagen oder während des Juras und der Unterkreide Infiltrationsräume (Ostsudetische Insel) darstellten (Abb. 1d). Jedoch bewirkte die postturone Hebung des südlichen Teils eine Verkleinerung des Sedimentationsraums. Demgegenüber bildete die nordeuropäische Senke in östlicher Erstreckung einen offenen Sedimentationsraum. Der nördliche Beckenrand ist wie für die gesamte Oberkreide in Südschweden zu suchen. Erst im Maastricht, z. T. schon im Campan, deuten lückenhafte Profile innerhalb der nordeuropäischen Senkungszone wieder die Entstehung von Infiltrationsräumen an. Zu Beginn des Kanäzoikums trat eine den oberkretazischen Sedimentationsraum vollständig erfassende Regression ein.

Diese weitreichende Regression bewirkte im Alttertiär (Paläozän) die Schaffung eines Infiltrationsraums (Abb. 1e) (LOTSCH 1967), der nur den nordwestlichen Teil der Norddeutsch-Polnischen Senke nicht erfaßte. Seit dem mittleren und oberen Paläozän und während des unteren und mittleren Eozäns vergrößerte sich dieser relativ kleine Sedimentationsraum diskontinuierlich in östlicher Richtung. Nur die SE-Gebiete der DDR und weite Teile Polens wurden in diesen Sedimentationsraum nicht einbegriffen.

Nach sehr starken regressiven Entwicklungen im Obereozän und Unteroligozän wurde das nordeuropäische Senkungsfeld zu einem umfassenden Infiltrationsraum umgewandelt.

Schließlich gestaltete die Oligozän-Transgression abermals große Teile der Norddeutsch-Polnischen Senke zu einem Sedimentationsraum um, dessen Grenzen etwa dem oberkretazischen entsprechen (BRINKMANN 1959).

**Entwicklungsablauf der hydrogeologischen Etappen**

Auf der Grundlage der ausgegliederten Infiltrations- und Sedimentationsräume wird in Abb. 2 ein erster Versuch unternommen, hydrogeologische Zyklen für Jura und Kreide sowie für das Alttertiär auszuhalten. Wegen der Unterschiedlichkeit der dargestellten hydrogeologischen Zyklen soll eine breitere Diskussion nur an einer Zyklusskizze (Zyklus mit einem Kreis um den Aufschlußpunkt gekennzeichnet, Abb. 2) vorgenommen werden, der sich einige allgemeine Bemerkungen anschließen.

Das jüngere Mesozoikum kann in einen ersten hydrogeologischen Zyklus gegliedert werden. Er umfaßt zumindest den gesamten Jura (Rät untere Grenze?, s. o.) einschließlich der regressiven Unterkreide und deren kontinentalen Entwicklung. Ein zweiter Zyklus, der mit der marinen Unterkreide eingeleitet wird, schließt diese und die gesamte Oberkreide der Norddeutsch-Polnischen Senke ein und wird im wesentlichen während des älteren Paläozäns abgeschlossen. Diesem folgt ein dritter Zyklus, der im mittleren Paläozän beginnt. Er schließt die bis zu Beginn des Obereozäns zu verfolgende Sedimentationsetappe sowie die bis ins Oligozän andauernde Infiltrationsetappe ein. Die Oligozän-Transgression eröffnete eine neuerliche Sedimentationsetappe (Beginn des 4. Zyklus). Diese findet wohl intratertiär ihren Abschluß (Miozän), doch ist die sich anschließende Infiltrationsetappe bis in die Gegenwart wirksam.

Es ist hierbei zu betonen, daß die aufgeführten Zeitgrenzen bzw. Etappengrenzen und Häufigkeiten hydrogeologischer Zyklen nicht über den gesamten Betrachtungsraum einheitlich zu verfolgen sind. So differiert u. a. der Abschluß der Infiltrationsetappe des 2. hydrogeologischen Zyklus zeitlich sehr stark. Im Bereich Nordwestdeutschlands und der DDR erfolgt er sicher schon im Paläozän, während er im polnischen Teil des Senkungsraums seinen endgültigen Abschluß erst während des Eozäns und Oligozäns erfährt oder bis zur Gegenwart nicht beendet wurde. Zwangsläufig ergeben sich aus dieser schematischen Darstellung die Notwendigkeit und auch die Möglichkeit, in regionalen paläohydrogeologischen Detailstudien diese hydrogeologischen Großzyklen weiter aufzugliedern. Zum Beispiel ist aus Abb. 2 eine regional unterschiedliche Anzahl hydrogeologischer Zyklen nachweisbar. In Nordwestdeutschland sind es drei vollständige und ein nicht abgeschlossener vierter Zyklus. Bis zu fünf erhöht sich die Zahl sogar für das Gebiet der DDR, während im polnischen Gebiet z. T. nur zwei Zyklen vorhanden sind.

Interessant erscheint ein vorläufiger Vergleich der absoluten Zeitdauer ausgewählter hydrogeologischer Zyklen aus der Norddeutsch-Polnischen Senke.

Unberücksichtigt bleiben dabei allerdings die während der Sedimentationsetappen auftretenden Infiltrationseinflüsse und umgekehrt die oftmals zu beobachtenden Sedimentationseinflüsse während einer Infiltrationsetappe. Für einen größenordnungsmäßigen Vergleich können die in den Tabellen dargestellten Zahlenwerte jedoch herangezogen werden. Danach ist die Dauer des ersten und zweiten hydrogeologischen Zyklus als gleich anzusprechen, während die Etappenlängen Unterschiede aufzeigen. Demgegenüber ist die Dauer des dritten Zyklus um über 50% geringer als die des ersten und zweiten. Vergleicht man jedoch den relativen Anteil der Sedimentations- und Infiltrationsetappen am jeweiligen hydrogeologischen Zyklus, so liegt deren Verhältnis etwa in der gleichen Größenordnung.

1. Absolute Dauer der hydrogeologischen Zyklen und Etappen ($10^6$ a)

| | 1. Zyklus | 2. Zyklus | 3. Zyklus | 4. Zyklus |
|---|---|---|---|---|
| | | ($10^6$a) | | |
| hydrogeologischer Zyklus | 68 ± 2 | 68 ± 2 | 22 ± 2 | 29? |
| Sedimentationsetappe | 56 ± 2 | 60 ± 2 | 19 ± 2 | 27? |
| Infiltrationsetappe | 12 ± 2 | 8 ± 2 | 3 | 2? |

2. Prozentualer Anteil der Sedimentationsetappen und Infiltrationsetappen am hydrogeologischen Zyklus (2%)

| | 1. Zyklus | 2. Zyklus | 3. Zyklus | 4. Zyklus |
|---|---|---|---|---|
| hydrogeologischer Zyklus | 100 | 100 | 100 | ? |
| Sedimentationsetappe | 82 | 88 | 86 | ? |
| Infiltrationsetappe | 18 | 12 | 14 | ? |

**Lagerungsverhältnisse und hydrogeologische Eigenschaften der jungmesozoischen Sedimentkomplexe während ihrer geologischen Entwicklungsgeschichte**

Im Rahmen paläohydrogeologischer Untersuchungen sind die Lagerungsverhältnisse wasserleitender und wasserstauender Sedimentkomplexe der Sedimentationsetappen von denen der Infiltrationsetappen zu unterscheiden. Während langer geologischer Betrachtungszeiten unterliegen hydrogeologische Einheiten vielseitigen Bedingungen, die sich insbesondere durch

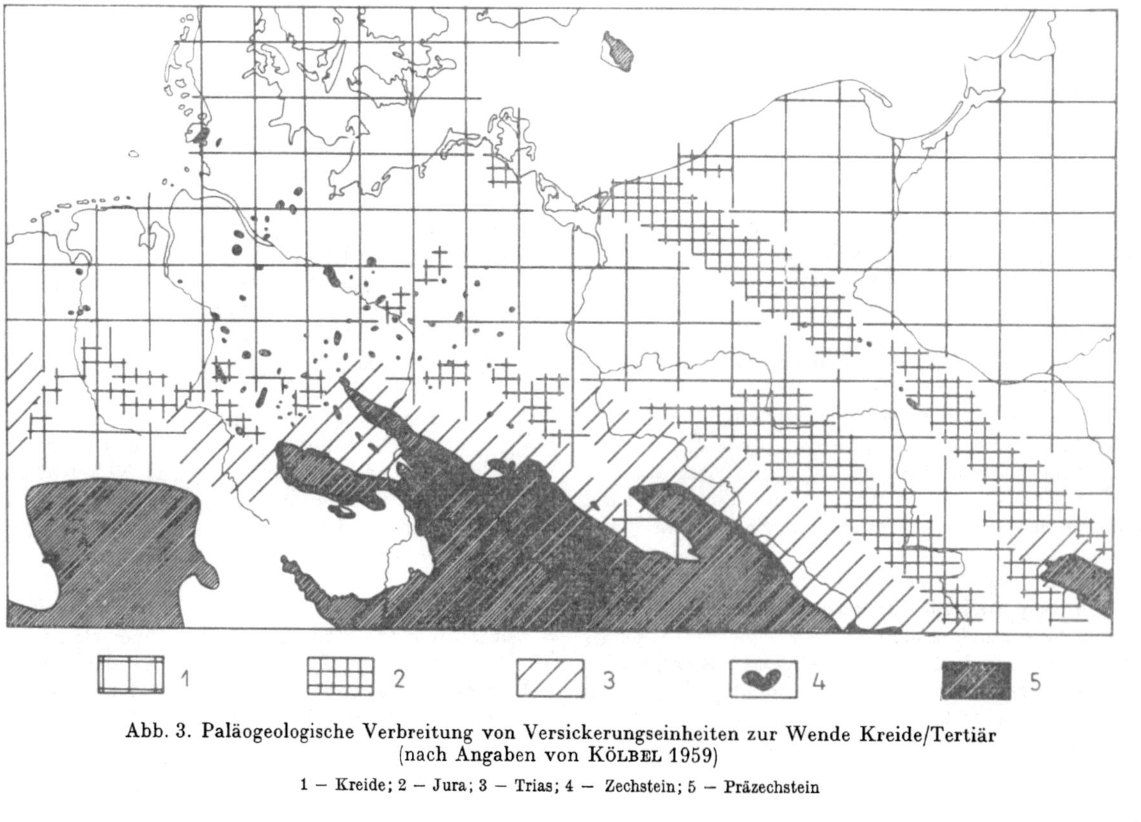


Abb. 3. Paläogeologische Verbreitung von Versickerungseinheiten zur Wende Kreide/Tertiär (nach Angaben von KÖLBEL 1959)

1 – Kreide; 2 – Jura; 3 – Trias; 4 – Zechstein; 5 – Präzechstein

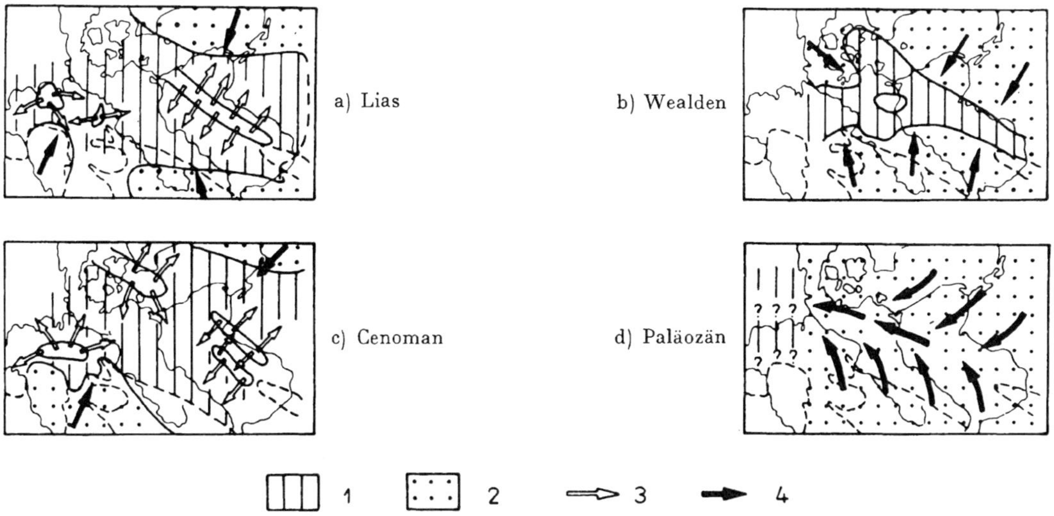


Abb. 4. Paläohydrodynamische Bedingungen im Bereich der Norddeutsch-Polnischen Senke

1 – Sedimentationsraum; 2 – Infiltrationsraum; 3 – Fließrichtung der Sedimentationswässer; 4 – Fließrichtung der Infiltrationswässer

eine oftmalige Umgestaltung von Infiltrations- zu Sedimentationsbedingungen und umgekehrt bemerkbar machen. In der Norddeutsch-Polnischen Senke werden diese Gegebenheiten durch die episodisch wirksamen stärkeren tektonischen Bewegungsabläufe bewirkt. Zusätzlich modifizieren halokinetische Vorgänge die Bewegungsprozesse, so daß die Rekonstruktion der Lagerungsverhältnisse außerordentlich erschwert ist.

Charakteristisch erscheint für die Norddeutsch-Polnische Senke die Zunahme der Kompliziertheit von Lagerungsverhältnissen bis in das Tertiär (Halokinese und Randtrogbildungen; DADLEZ 1967, JARITZ 1968, VOIGT 1963, WATZNAUER 1969, WIENHOLZ 1967). Aus ursprünglich weitspannigen, relativ horizontalen Lagerungsformen entstehen noch unter Sedimentationsraumbedingungen mulden- und sattelförmige Verbiegungen unterschiedlichster Dimensionen, die temporäre Unterbrechungen durch Infiltrationszeiten erfahren.

So sind nach KÖLBEL (1959) während der Infiltrationsetappe des 1. hydrogeologischen Zyklus die Lagerungsverhältnisse im nordeuropäischen Senkungsraum relativ einfach. Der Westteil der Senke umfaßt meist großflächige Anschnitte jungtriassischer und jurassischer Sedimentkomplexe (Rät/Lias bis Malm), die im S von paläozoischen Einheiten der Rheinischen Masse begleitet werden. Noch einförmiger sind die Lagerungsformen im Bereich des Ostteils der DDR und Polens. Großflächig verbreitete Malm-Ablagerungen werden nur sporadisch durch prämalmische Sedimentkomplexe durchbrochen.

Dagegen sind die Lagerungsverhältnisse zu Beginn des Tertiärs (Infiltrationsetappe des 2. hydrogeologischen Zyklus) weit vielgestaltiger (Abb. 3). Obwohl flächenmäßig die jüngsten prätertiären Schichten dominieren (Kreide im N und E), ist der südwestliche Teil in seinem tektonischen Aufbau außerordentlich kompliziert. Die triassischen, besonders die jurassischen Schichten bilden dabei nicht weitaushaltende Einheiten, sondern durchbrechen mit unterschiedlicher Stärke und in sehr unterschiedlichen Abständen die jüngsten Sedimentfolgen. Die schematische Darstellung konnte die dabei an halokinetischen Strukturen mitgeschleppten jungmesozoischen Sedimente nicht immer berücksichtigen. Der Ostteil der Norddeutsch-Polnischen Senke zeigt, wie auch schon zu Beginn der Kreide, homogenere Lagerungsverhältnisse. Triassische, jurassische und kretazische Sedimentkomplexe lagern in weiten, zusammenhängenden Räumen.

Über die hydrogeologischen Eigenschaften sind vorerst keine genauen Angaben zu machen. Die Porositätswerte dürften in Abhängigkeit von der Lage wasserleitender Schichtkomplexe während des Alttertiärs bei einer Versenkungsteufe von 400 und 4000 m zwischen 30 bis 10% liegen. Den besonders stark abgesenkten Randtrögen (Niedersächsisches Becken, Gifhorner Trog, Dänisch-Polnische Furche) dürften generell kleinere Werte als den höher liegenden Bereichen der Norddeutsch-Polnischen Senke zuzuordnen sein. Analoge Verhältnisse sind auch für die wasserstauenden Komplexe nachweisbar, nur liegen die Porositätswerte durchschnittlich höher (vgl. den Abschnitt „Wasseraustauschintensität").

#### Paläohydrodynamik

Das Ziel der paläohydrodynamischen Untersuchungen soll es sein, die Lage der Druckentstehungsgebiete (Speisungsgebiete), die allgemeinen Fließrichtungen und Fließgeschwindigkeiten sowie die Lage der Entlastungszonen für Wässer während verschiedener geologischer Zeitschnitte festzulegen. Die Lage z. B. der Druckentstehungsgebiete für Infiltrationsetappen und Sedimentationsetappen unterscheidet sich dabei grundsätzlich. Liegen die Druckentstehungszonen für Infiltrationsräume im allgemeinen in morphologischen Hochlagen, die Entlastungsgebiete in geringerer absoluter Höhe, z. B. in Küstenebenen, so stellen für Sedimentationsetappen die Beckenzentren die Druckentstehungsgebiete dar. Die Entlastungsräume sind für die zuletzt genannte Etappe im allgemeinen Randbereiche der Sedimentationsbecken. Diese unterschiedlichen Bedingungen für die Druckentstehung resultieren einerseits aus der Wirksamkeit geostatischer Drücke (Sedimentationsetappe), andererseits aus der hydrostatischer Drücke (Infiltrationsetappe).

In einer schematischen Darstellung sollen diese hydrodynamischen Grundgesetzmäßigkeiten für einige Zeitabschnitte aus der Norddeutsch-Polnischen Senke verdeutlicht werden. Vorherrschend Sedimentationsbedingungen umfassende Zeiten werden in Abb. 4a und c erfaßt; dagegen skizzieren die restlichen Teilbilder vorherrschende Infiltrationsverhältnisse. Allerdings ist zu berücksichtigen, daß zu Zeiten besonderer Etappendominanz auch hydraulische Bedingungen der untergeordneten Etappe auftreten können.

Während der Sedimentationsetappen erfolgen die Sedimentationswasserfließrichtungen grundsätzlich in die Randzonen der Tröge (Niedersächsisches Becken, Gifhorner Trog, Dänisch-Polnische Senke). Daß sich diese allgemeine Tendenz mit der Zunahme weiterer synsedimentärer Trogbildungen (Mulden zwischen Salzstöcken, Randsenken an Salzstöcken, Inversionen großer Randtröge u. a.) weit vielgestaltiger erweisen kann, versteht sich von selbst.

Einige Unterschiede der Sedimentationswasserdynamik dürften schon jetzt für die Norddeutsch-Polnische Senke erkennbar sein. Infolge der unterschiedlichen Faziesentwicklung z. B. des Lias im nordeuropäischen Senkungsfeld (westlicher Teil tonig, östlicher Teil sandig) müßte das Angebot an ausgepreßten Sedimentationswässern im Bereich Nordwestdeutschlands relativ höher sein als im polnischen Teil. Demnach muß es schon frühzeitig, d. h. bei meist geringen Absenkungsbeträgen (vgl. Porenraumreduktionskurve in Abb. 6), zu erheblichen Angeboten an ausgepreßten Sedimentationswässern in die meist nur geringmächtigen wasserleitfähigen Horizonte gekommen sein. Da in diesen Horizonten der Durchflußquerschnitt im Verhältnis zum Wasserangebot relativ klein war, müßten die Durchflußgeschwindigkeiten relativ höher gewesen sein als in den liassischen Sedimenten des Ostbereichs der Norddeutsch-Polnischen Senke. Sicherlich verlangen solche Betrachtungen auch die Berücksichtigung des Zeitfaktors bei der Absenkung. Danach sind die Sedimentationswasserfließgeschwindigkeiten besonders bei langsamen Absenkungsbeträgen im Sedimentationsraum als sehr gering anzunehmen.

Bei einer überschläglichen Erfassung der paläohydrodynamischen Verhältnisse während der Infiltrationsetappen im Untersuchungsgebiet sind Gebiete morphologischer Hochlagen von denen der Küstenebenen zu unterscheiden. Als Hochlage kommen die die Norddeutsch-Polnische Senke umgebenden Festländer im N und S in Frage. Die als Speisungsgebiet ansprechbaren Festlandräume trugen nach KÖLBEL (1967) im wesentlichen Mittelgebirgscharakter, so daß das Druckgefälle in Richtung auf die Küstenebenen als relativ gering angesprochen werden muß. Für die Kartenskizze des Wealden (Abb. 4b) können die Infiltrationswasserdruckgefälle etwa in den Größenordnungen von 0,5 bis 2‰ liegen. Ob dabei z. B. die Infiltrationswässer aus nördlicher Richtung einen höheren Druckgradienten aufwiesen als die von den südlichen Festlandsbereichen, was nach KÖLBEL (1967) wahrscheinlich ist, soll hier vorerst nicht entschieden werden.

Während bestimmter Zeitabschnitte mit vorwiegend festländischen Verhältnissen, z. B. im Paläozän (Abb. 4d), dürfte die Strömungsrichtung der Infiltrationswässer besonders nach NW gerichtet gewesen sein, da der im nördlichen Nordwestdeutschland verbliebene Sedimentationsraum als Vorfluter angesehen werden

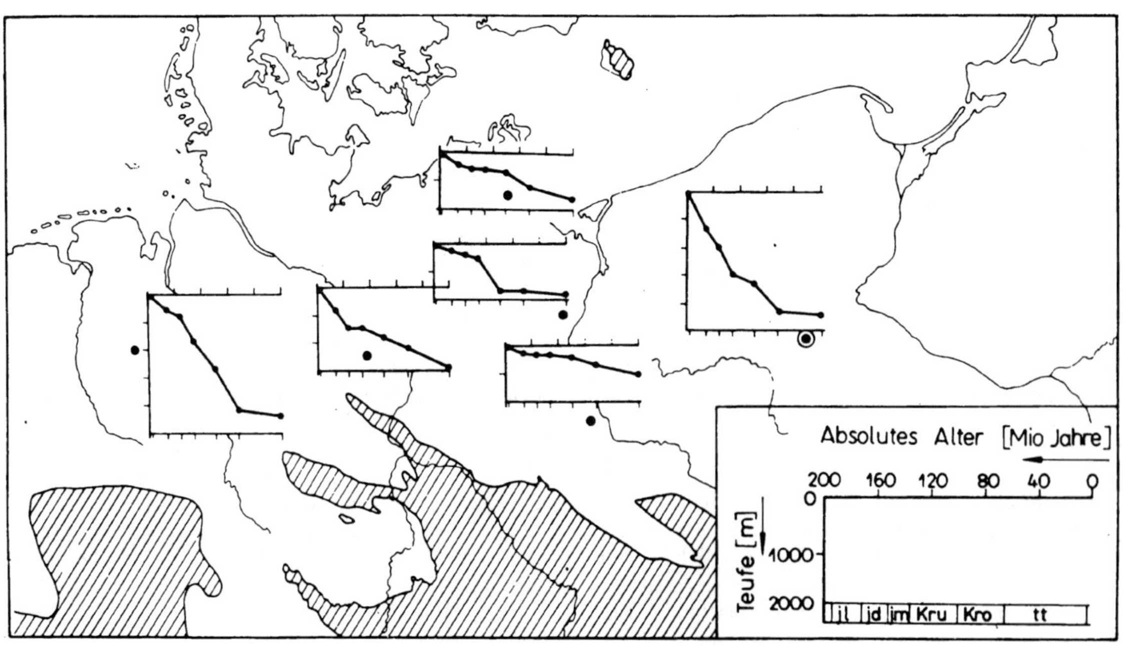


Abb. 5. Absenkungsanalysen liassischer Sedimente (Auswahl)

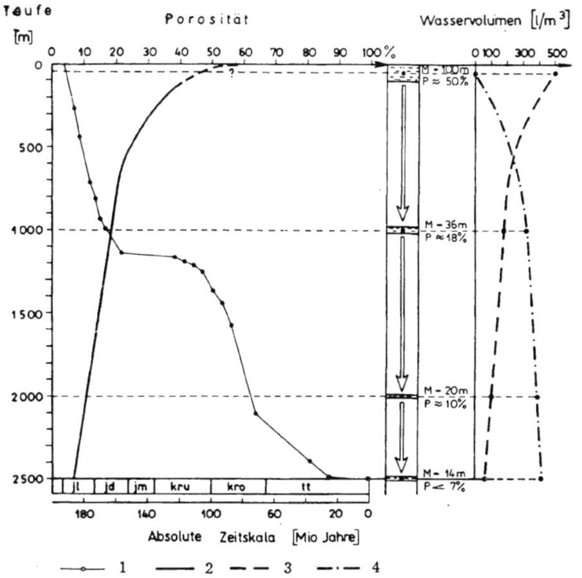

Abb. 6. Absenkungs—Kompressions—Entwässerungs-Diagramm für ein ausgewähltes Beispiel aus dem Gifhorner Trog

1 — Lage der Hettange-Basis zu den entsprechenden Zeiteinheiten; 2 — Linie der Porositätsabnahme; 3 — Restwasservolumen in 1 m³ Gestein; 4 — ausgepreßtes Wasservolumen aus 1 m³ Gestein

kann. Bestanden zu dieser Zeit etwa noch die gleichen Druckentstehungsräume wie zu Beginn der Unterkreide, so dürfte das Druckgefälle noch geringer sein als die obenangegebenen Werte.

### Wasseraustauschintensität

Während für die paläohydrogeologische Rekonstruktion verschiedener Varianten von Infiltrationswasseraustausch vergleichbare rezente Werte über die Versickerungsfreundlichkeit der betrachteten Sedimente und der möglichen Infiltrationsmengen herangezogen werden, sind für die Charakteristik des Wasseraustauschs während der Sedimentationsetappe Kenntnisse über die Lagerungsverhältnisse (s. o.), die lithologische Ausbildung und die hydrogeologischen Eigenschaften der Sedimentationskomplexe und ihre möglichen Veränderungen im Verlauf der geologischen Entwicklung nötig.

In Abb. 5 ist anhand einiger Absenkungsdiagramme die Entwicklung der Lias-Sedimente — unter Verwendung der Angaben von VOIGT (1963) und WIENHOLZ (1967) über rezente Mächtigkeiten — für einige ausgewählte Gebiete der Norddeutsch-Polnischen Senke dargestellt. Allgemein erreicht der Lias im Nordwestteil des Betrachtungsraums eine Mächtigkeit von 200 bis 300 m, dem im niedersächsischen Raum und im Gifhorner Trog weitaus höhere Mächtigkeiten, gebietsweise sogar 1000—1300 m, entsprechen.

Die vom Zentralbereich des Senkungsraums dargestellten Diagramme verdeutlichen im Vergleich zu den tiefabgesenkten Becken und Trögen die relative Hochlage dieses Gebiets. Das für den polnisch-südskandinavischen Lias angeführte Absenkungsdiagramm (Abb. 5 — durch einen Kreis um den Bezugspunkt gekennzeichnet) wurde für den Bereich der Dänisch-Polnischen Furche angefertigt. Dieser Trog begann sich nach VOIGT (1963) erst im Jura herauszubilden. Während sich in der Oberen Trias nur einige hundert Meter Sediment ablagerten, erreicht die Lias-Mächtigkeit schon 1300 m.

Mit Hilfe ähnlicher, wesentlich detaillierterer Diagramme ist es möglich, die Tiefenlage der zu untersuchenden Horizonte für bestimmte Zeitabschnitte festzulegen. Daraus können Schlußfolgerungen über die hydrogeologischen Eigenschaften der Sedimente zu diesen betrachteten Zeiten in Abhängigkeit von der jeweiligen Teufenlage abgeleitet werden. Unter Berücksichtigung der möglichen Porenraumreduktion während der Diagenese der Sedimente ergeben sich Rückschlüsse auf die Umsetzung relativ unbeweglicher Wässer (im Porenraum haftender Wässer) in beweglichere (im Porenraum nichthaftende Wässer). Die überschlägliche Erfassung der dadurch frei werdenden Wassermengen, verbunden mit unseren Kenntnissen über das Umsatzvolumen, erlauben Rückschlüsse auf die Intensität und Verbreitung von Wasseraustauschvorgängen während der Sedimentationsetappe.

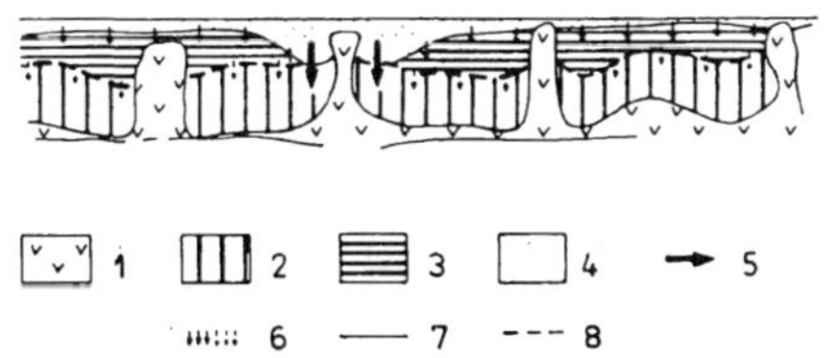

Abb. 7. Lagerungsverhältnisse von tiefenwasserleitenden Horizonten (nach MEINHOLD & REINHARDT 1967)

1 — Zechstein; 2 — Trias; 3 — Jura und Kreide; 4 — Tertiär; 5 — Infiltration in triassische Sedimente an der Wende Kreide/Tertiär; 6 — Infiltration in jungmesozoische Sedimente an der Wende Kreide/Tertiär; 7 — Landfläche (sicher) zu Beginn des Tertiärs; 8 — Landfläche (fraglich) zu Beginn des Juras

Zur Veranschaulichung der frei werdenden Wassermengen ist in Abb. 6 nach Mächtigkeitsangaben von HECHT u. a. (1957) die Veränderung eines 100 m mächtigen Tonpakets aus dem Hettange des Gifhorner Trogs dargestellt. Die Strich-Punkt-Linie zeigt durch die Punkte die Lage der Hettange-Basis am Ende der einzelnen Zeiteinheiten an. Die stark gezogene Linie charakterisiert die dabei anzunehmende Porositätsabnahme des Tonpakets (vgl. MILDE, HAGENDORF & TETZLAFF 1969). Nimmt man nun für dieses Paket eine durchschnittliche Anfangsporosität von 50% an, so verringert sich diese bei einer Absenkung auf eine Teufe von 2500 m auf $<7\%$, so daß das Tonpaket auf ca. 14 m zusammengedrückt wurde. Die graphische Darstellung des abgegebenen Wasservolumens aus 1 m³ Gestein und die verbleibende Wassermenge in diesem Gesteinswürfel sind im linken Teil der Abb. 6 angegeben.

### Hydrogeochemische Bedingungen

Die Tiefenwässer erfahren normalerweise im Verlauf ihrer Alterung und durch die Einflüsse der sie beherbergenden Sedimente umfangreiche diagenetische Änderungen. Häufig gestatten jedoch besondere hydrochemische Untersuchungs- und Auswertungsverfahren einen Einblick in die Entstehungsgeschichte des Tiefenwasserchemismus. Für einen großen Teil der Norddeutsch-Polnischen Senke werden allerdings solche Betrachtungen, die z. B. den Anteil von Infiltrations- und Sedimentationswässern erfassen sollen, durch den Einfluß halokinetischer Vorgänge erschwert und erlauben demzufolge nur wenige paläohydrogeologische Schlußfolgerungen (WAGER u. a. 1955, MICHEL 1963, LÖHNERT 1968 u. a.).

Trotzdem sind aus einigen regionalen Studien des Tiefenwasserchemismus paläohydrochemische Entwicklungstendenzen ableitbar. MÜLLER (1969) gibt für den Nordteil der DDR (halokinetisch beeinflußter Raum) als oberstes Tiefenwasserstockwerk den Komplex Jura und Kreide an. Die Tiefenwässer dieser jungmesozoischen Systeme zeigen eindeutige Mineralisationsdifferenzierungen und sind von den nicht bis wenig differenzierten Tiefenwässern der Trias hydrochemisch abgrenzbar (z. B. Unterschiede in der Gesamtmineralisation). Das könnte u. a. dadurch erklärt werden, daß die triassischen Sedimente während der Infiltrationsetappe des 2. hydrogeologischen Zyklus (Alttertiärs) nur relativ geringfügig erodiert wurden und daher die intratriassischen Tiefenwässer nur unbedeutend durch meteorische Infiltrationswässer beeinflußt wurden (Abb. 7). Da auch schon während der Oberen Trias die Zufuhr echter Infiltrationswässer nur geringfügig gewesen sein dürfte, noch während der 1. Infiltrationsetappe unserer Darstellung (Wealden bis Valangin) triassische Sedimente einer intensiven Infiltration ausgesetzt waren, könnten sich während des Jungmesozoikums und Känozoikums möglicherweise primär bedingte hydrochemische Besonderheiten erhalten haben (Charakter der Sedimentationswässer). Inwieweit jedoch die Gesetzmäßigkeiten der Zonierung und Nichtzonierung (Differenzierung der Gesamtmineralisation) der Tiefenwässer dieser Interpretation widersprechen könnten, bedarf einer weiteren Klärung.

Das jungmesozoische Tiefenwasserstockwerk war im Gegensatz zum triassischen nicht so deutlich gegen Infiltrationen abgeschirmt (Abb. 7). Zu Beginn des Tertiärs waren die jurassischen und kretazischen Sedimente starken meteorischen Wasserinfiltrationen ausgesetzt, die sich nach zeitweiligen Unterbrechungen bis zum Oligozän verfolgen lassen. Die Bedeckung des Prä- und Alttertiärs durch den Rupelton bewirkte eine weitgehende Abdichtung der liegenden Schichten. Die daraus resultierende Abschirmung gegen jüngere Infiltrationsvorgänge ist aber nur in den Räumen gegeben, in denen diese Oligozän-Sedimente nicht erodiert worden sind. Unter der Annahme der relativen Undurchlässigkeit des Rupeltons müßte daher das rezente hydrochemische Grundregime des Jura- und Kreide-Stockwerks seit dem Oligozän als relativ konstant angenommen werden.

Grundsätzlich anders ist das hydrochemische Entwicklungsbild der Tiefenwässer während des Jungmesozoikums in den Randbereichen der Norddeutsch-Polnischen Senke. Betrachtet man die paläogeologische Verbreitung von Versickerungseinheiten an der Wende Kreide/Tertiär (Abb. 3), so erfuhren die triassischen und z. T. jurassischen Landflächen während des Paläozäns eine erhebliche Zufuhr meteorischer Infiltrationswässer. Diese Phase wurde unterbrochen durch den Zusatz mariner Wässer infolge der Eozän-Transgression, besonders im westlichen Bereich des Senkungsraums und die Oligozän-Transgression. Durch die Abtragung der Eozän- und Oligozän-Sedimente wurden die paläozoischen bis mesozoischen Schichtkomplexe tiefgreifenden Wasserinfiltrationen ausgesetzt, die bis zur Gegenwart anhalten.

Da außerdem in diesen Bereichen der Einfluß von abgelaugten Zechstein-Salzen auf den Tiefenwasserchemismus nicht so bedeutend war wie im Zentralbereich der Norddeutsch-Polnischen Senke, ermöglichen hydrochemische Untersuchungen am rezenten Tiefenwasserchemismus die Fixierung paläohydrochemischer Verhältnisse für verschiedene Zeitabschnitte (u. a. PALYS 1968, MEINCKE 1967, MICHEL 1963).

#### Paläoklimatische Verhältnisse

Bei der Rekonstruktion und der Betrachtung von Infiltrationsvorgängen interessieren in erster Linie die Dauer und der mögliche Einfluß der paläohydrogeologisch bedeutungsvollsten Hauptklimate (arides und humides Klima). Deshalb wurden unter Verwendung der Angaben von BROCKAMP (1942), H. KÖLBEL (1967), LOTSCH (1967), RONOW & CHAIN (1961, 1962), SCHWARZBACH (1961), VOIGT (1964) u. a. die Kriterien für eine Klimacharakteristik zusammengetragen und im Hinblick auf die mögliche Beeinflussung der Infiltration untersucht. Die Grundlage für diese Charakteristik bilden z. B. Angaben über die Häufigkeit von Kohlenlagen und Pflanzenresten, die Mächtigkeit der Schuttzufuhr, das Überwiegen karbonatischer Sedimente, das Vorkommen von oolithischen Eisenerzen, Anhydrit und Salz u. a.

Größere Infiltrationen treten allgemein im Festlandsbereich auf. Nur hier wirkt auch der Einfluß des Klimas auf Intensität und Dauer der Infiltration unmittelbar ein.

In fast allen Bereichen der Norddeutsch-Polnischen Senke sind für die Unterkreide Infiltrationsbedingungen von unterschiedlicher Zeitdauer auszuhalten (vgl. Abb. 2). Während für den Jura im Betrachtungsraum ein häufiger Wechsel von überwiegend humidem zu aridem Klima charakteristisch ist, setzt ab Unterkreide eine über die gesamte Kreide-Zeit fast gleichbleibende klimatische Entwicklung mit hauptsächlich humidem Charakter ein. Somit sind die klimatischen Bedingungen für die Infiltration atmosphärischer Wässer gegeben, jedoch können über mögliche Verdunstungs- und Infiltrationsgrößen vorerst noch keine Angaben gemacht werden.

Die nächsten großregional auszuhaltenden Infiltrationszeiten können für das Alttertiär und das Eozän nachgewiesen werden. Die Klimatendenz im Tertiär bewegt sich recht eindeutig im humiden Bereich. Die gesamte Periode steht im Zeichen einer nahezu stetigen Temperatursenkung. Die stärkste Erwärmung muß wohl nach dem verhältnismäßig kühlen Paläozän im Eozän angenommen werden. Im Gegensatz zu der fast gleichmäßig abfallenden Temperaturtendenz schwanken die Niederschlagsmengen. Auf Grund der vorliegenden Anzeichen dürfte das Angebot an Infiltrationswässern im Mitteleozän am größten gewesen sein. Im nordöstlichen und östlichen Bereich der Norddeutsch-Polnischen Senke, der im Paläogen zum Festlandsbereich gehörte, wirkt sich natürlich der tertiäre zyklische Klimawechsel vom subtropischen Regenwaldklima zum warm-gemäßigten bis feucht-gemäßigten Sommerlaubwaldklima (LOTSCH 1967) in seiner Gesamtheit aus und schafft dadurch günstige meteorische Infiltrationsbedingungen.

## Zusammenfassung

Für die Norddeutsch-Polnische Senke wurde die paläohydrogeologische Entwicklungsgeschichte des Jungmesozoikums und älteren Känozoikums in ihren Grundzügen skizziert. Dabei wurden mehrere paläohydrogeologische Faktorenkomplexe an ausgewählten Beispielen dargestellt und deren Ergebnisse diskutiert. Für den betrachteten Zeitraum lassen sich anhand des paläohydrogeologischen Grundregimes mehrere hydrogeologische Zyklen ausgliedern. Trotz der zunehmenden Kompliziertheit der allgemeinen Lagerungsverhältnisse im Verlauf der geologischen Entwicklung des Betrachtungsraums können Grundtendenzen der Paläohydrogeologie, der Paläohydrodynamik und der Paläohydrochemie sowie Betrachtungen zu Wasseraustauschvorgängen aufgezeigt werden. Zum Abschluß wird ein Ausblick auf die Bedeutung der paläoklimatischen Entwicklung für die Paläohydrogeologie im Betrachtungsraum gegeben.

Der vorliegende Beitrag ist als eine erste analytische Betrachtung aufzufassen, die das Ziel hat, die Anwendung paläohydrogeologischer Arbeitsmethoden für einen bestimmten Raum zu demonstrieren. Es muß jedoch vermerkt werden, daß Detailstudien bei weiteren paläohydrogeologischen Analysen eine Fülle neuer Probleme entstehen lassen, die neue Methoden in der paläohydrogeologischen Forschung erfordern.

## Резюме

Палеогидрогеологическая история развития Среднегерманско-Польской впадины в позднемезозойское и более древнекайнозойское времена была изложена в своих основных чертах. При этом несколько палеогидрогеологических комплексов факторов было изображено на избранных примерах и были обсуждены их результаты. Для рассмотренного периода на основе палеогидрогеологического основного режима можно выделить несколько гидрогеологических циклов. Несмотря на возрастающую сложность общих условий залегания в течение геологического развития рассматриваемой территории можно указать на основные тенденции палеогидрогеологии, палеогидродинамики и палеогидрохимии, а также на соображения о процессах водообмена. В заключение обсуждается значение палеоклиматического развития для палеогидрогеологии в пределах рассматриваемой территории.

Настоящую статью следует считать первым аналитическим рассмотрением, преследующим цель демонстрировать применение палеогидрогеологических методов работы на определенной территории. Надо, однако, отметить, что детальные исследования при дальнейших палеогидрогеологических анализах приводят к обилию новых проблем, требующих новых методов палеогидрогеологических исследований.

## Summary

For the North German-Polish depression the palaeohydrogeological history of development of the Young Mesozoic and older Cainozoic was outlined in its principal features. Several palaeohydrogeological complexes of factors were illustrated by selected examples and their results discussed. By means of the palaeohydrogeological basic regime several hydrogeological cycles can be separated for the period under consideration. In spite of an increasing complication of the general bedding conditions during the geological development of the area of investigation, basic trends of palaeohydrogeology, palaeohydrodynamics, palaeohydrochemistry as well as considerations on processes of water exchange can be shown. Final remarks deal with a prospect on the importance of the palaeoclimatic development for the palaeohydrogeology in this area.

The present article may be regarded as a first analytical consideration aimed at demonstrating the application of palaeohydrogeological working methods to a definite area. However, it must be emphasized that detailed studies to be made in further palaeohydrogeological analyses will provide plenty of new problems calling for new methods to be used in palaeohydrogeological research work.

## Literatur

BRAND, E., & K. HOFFMANN: Stratigraphie und Fazies des Nordwestdeutschen Jura und Bildungsbedingungen seiner Erdöllagerstätten. — Erdöl u. Kohle, 6, 1, 437–450, Hamburg 1963.

BRINKMANN, R.: Abriß der Geologie, Bd. 2: Historische Geologie. — Verl. F. Enke, Stuttgart 1959.

BROCKAMP, B.: Zur Paläogeographie und Bitumenführung des Posidonienschiefers im deutschen Lias. — Arch. Lagerstättenforsch., H. 77, Berlin 1944.

DADLEZ, R.: Zum Permomesozoikum und seinem Untergrund in Nordwestpolen. — Ber. dt. Ges. geol. Wiss., A, Geol. Paläont., 12, 3/4, 355–368, Berlin 1967.

DIENER, I.: Die Paläogeographie der Kreide im Nordteil der DDR in Beziehung zu Nachbargebieten. — Ber. dt. Ges. geol. Wiss., A, Geol. Paläont., 12, 3/4, 289–313, Berlin 1967.

HECHT, F., H.-A. HEDEMANN & F. KABELAC: Zur Tektonik und Stratigraphie der Erdölfelder am Nordwest-Rand des Gifhorner Troges. — Geol. Jb., 74, 559–600 (BENTZ-Festschrift) (1968).

HÖLDER, H.: Handbuch der stratigraphischen Geologie, IV. Bd., Jura. — Verl. F. Enke, Stuttgart 1964.

JARITZ, W.: Einige Bemerkungen über die Entstehung der Salzstrukturen Nordwestdeutschlands. — Erdöl u. Kohle, 21, 9, 519–520, Hamburg 1968.

KÖLBEL, H.: Stand und Ergebnisse der Kartierung des tieferen Untergrundes Nordostdeutschlands und angrenzender Gebiete. — Ber. geol. Ges. DDR, 4, 2/3, 115–156, Berlin 1959.

— Die Paläogeographie des Juras im Nordteil der DDR in Beziehung zu den Nachbargebieten. — Ber. dt. Ges. geol. Wiss., A, Geol. Paläont., 12, 3/4, 259–288, Berlin 1967.

LÖHNERT, E.: Hydrochemische Zusammenhänge am Kontakt ziwschen versalzenem Tiefenwasser und Süßwasser in Norddeutschland. — 23. Int. Geol.-Kongr. Prag, 17, 127–136, Prag 1968.

LOTSCH, D.: Zur Paläogeographie des Tertiärs im Gebiet der DDR. — Ber. dt. Ges. geol. Wiss., A, Geol. Paläont., 12, 3/4, 369–374, Berlin 1967.

MEINCKE, W.: Hydrodynamik im Solling-Sandstein (Mittl. Buntsandstein) des Thüringer Beckens. — Z. angew. Geol., 13, 8, 399–405, Berlin 1967.

MEINHOLD, R., & H.-G. REINHARDT: Halokinese im Nordostdeutschen Tiefland. — Ber. dt. Ges. geol. Wiss., A, Geol. Paläont., 12, 3, 329–353, Berlin 1967.

MICHEL, G.: Über die mögliche Herkunft des mineralisierten Grundwassers im Münsterschen Becken. — Z. dt. geol. Ges., 115, 566–571, Hannover 1966.

MILDE, G., U. HAGENDORF & U. TETZLAFF: Arbeitsmethodische Beiträge zur Paläohydrogeologie. — Z. angew. Geol., 15, 7, Berlin 1969.

MÜLLER, E. P.: Zur Geochemie der Tiefenwässer und der organischen Substanz im Nordteil der DDR. — Z. angew. Geol., 15, 3, 113–124, Berlin 1969.

MUSSTOFF, R.: Zur Paläogeographie der Oberkreide und des Albs in Ostbrandenburg und der östlichen Niederlausitz. — Geologie, 15, 6, 732 bis 736, Berlin 1966.

NODOP, I.: Vorweisung einer Karte des präkretazischen Untergrundes Nordwestdeutschlands. — Z. dt. geol. Ges., 115, 566–571, Hannover 1966.

PALYS, J.: L'origine des saumures dans les sédiments limniquo-paraliques du Carbonifère de la Haute Silésie. — 23. Int. Geol.-Kongr. Prag, 17, 81–94 (1968).

RONOW, A. B., & P. E. CHAIN: Die jurassischen lithologischen Formationen der Erde. — Moskau 1962.

SCHWARZBACH, M.: Das Klima der Vorzeit. — Verl. F. Enke, Stuttgart 1961.

SORGENFREI, TH.: Jura und Unterkreide in Dänemark. — Z. dt. geol. Ges., (1963/64), 114, 447–451, Hannover 1963/64.

VOIGT, E.: Über Randtröge vor Schollenrändern und ihre Bedeutung im Gebiet der Mitteleuropäischen Senke und angrenzender Gebiete. — Z. dt. geol. Ges. (1963/64), 114, 378–418, Hannover 1963/64.

WAGER, R., W. RICHTER & H. FLATHE: Zur Grundwasserversalzung in Nordwestdeutschland. — Geol. Jb., 74, 628–642, Hannover 1957.

WATZNAUER, A.: Das Territorium der DDR im geologischen Wirkungsfeld Mitteleuropas — eine Übersicht für die Zwecke der Tiefenerkundung. — Z. angew. Geol., 15, 2, 57–63, Berlin 1969.

WIENHOLZ, R.: Über den geologischen Bau des norddeutschen Flachlandes. Jb. Geol., 1, 1–87, Berlin 1967.

# Der Einfluß der Ostsee auf die Lage der Versalzungsgrenze in küstennahen Grundwasserleitern

WALTER SCHIRRMEISTER, Berlin

(Mitteilung aus dem Zentralen Geologischen Institut, Berlin)

In Küstenzonen gibt es einen mehr oder weniger breiten Bereich, in dem das Süßwasser und das Salzwasser des Meeres miteinander in Beziehung treten. Die quantitative Fassung dieses Bereiches ist verhältnismäßig schwierig. Qualitativ kann für die Ostseeküste der DDR der Einfluß entsprechend den geologischen Bildungen der Küstenzone abgeschätzt werden. Küstenstrecken mit Geschiebemergel werden infolge der geringen Durchlässigkeit dieser Gesteinsfolge kaum weit landeinwärts reichende Beeinflussungen aufweisen. Gefährdet erscheinen dagegen Gebiete mit Talsand- oder anderer Sandbedeckung. Besonders landfest gewordene Strandwallbildungen sind zu beachten, da sich in ihnen meist ein sehr flasches Grundwassergefälle herausgebildet hat.

Ungeklärt bleiben bei diesen Betrachtungen die horizontale und vertikale Ausdehnung des Einflusses der „marinen" Versalzung. Eine Berechnung der Tiefenlage der Grenze zwischen Salz- und Süßwasser wurde zuerst von HERZBERG (1901) veröffentlicht. Bei der Untersuchung von Möglichkeiten zur Wasserversorgung von Nordseebädern betrachtete er den statischen Fall. Er löste die Gleichung für die Überschichtung von Salzwasser mit Süßwasser entsprechend dem Archimedischen Prinzip.

$$\frac{W_s}{W_0} - \frac{\varrho_0}{\varrho_s - \varrho_0} \tag{1}$$

Bereits aufgelöst und ohne nähere Erläuterung gibt KEILHACK (1935) diese Gleichung für den Bereich der Nordsee wie folgt an:

$$W_s = 42 W_0 \tag{2}$$

Strenggenommen gilt diese Ableitung nur für unbewegte Süßwasserlinsen über Salzwasser, wie sie auf Inseln durchaus vorkommen können. Werden die Dichteverhältnisse für den Küstenbereich der Ostsee eingesetzt, so ist

$$W_s = \frac{0{,}997}{1{,}0075 - 0{,}9997} \; W_s = 129 W_0 \tag{3}$$

Die Bewegung des Süßwassers findet Berücksichtigung, wenn das GHYBEN-HERZBERGsche Gesetz mit der Gleichung für eindimensionale laminare Strömungen, dem DARCYschen Gesetz, kombiniert wird.

Nach der Integration sind die Koordinaten der Trennfläche zwischen Salz- und Süßwasser:

$$W_s = \frac{k_1}{Q} \cdot \frac{y^2}{2} + C \tag{4}$$

Eingang des Manuskripts in der Redaktion: 22. 9. 1969.

Die Integrationskonstante $C$ kann bestimmt werden, wenn mindestens ein Punkt der Grenzfläche durch Geländearbeiten festgestellt worden ist. Setzt man die Konstante gleich Null, so entsteht die Kurve (3) der Abb. 1 (KITGAWA 1939, BABUSCHKIN & GOLDBERG 1967).

Die letzte Ableitung hat den Nachteil, daß die Salzwasser/Süßwasser-Grenze genau an der Küstenlinie den Meeresspiegel erreicht. Dadurch kann der Fall nicht untersucht werden, bei welchem infolge sehr starken Grundwasserzustroms die Grenze außerhalb der Küste liegt.

Dieser Fall wird bei der Anwendung der Formeln erfaßt, die HENRY (1964) ableitet. Grundlage sind das DARCYsche Gesetz und die Kontinuitätsgleichung.

Die allgemeinen Randbedingungen dabei sind:

1. Das Grundwasser ist in Küstennähe gespannt.
2. Die Strömung ist horizontal.
3. Es findet keine Diffusion statt, deshalb ist die Grenze zwischen Salz- und Süßwasser scharf.
4. Die Strömung des Süßwassers ist kontinuierlich, sie schwankt wohl jahreszeitlich, kann aber im Mittel als konstant angesehen werden.
5. Die Dichte des Meerwassers ist höher als die des Süßwassers.

Die Ableitung kann auch auf Grundwasserleiter mit freiem Wasserspiegel angewendet werden, wenn man die Neubildung in Küstennähe als gering im Vergleich zur gesamten Grundwasserneubildung ansehen kann und das Grundwassergefälle im Vergleich zur Neigung der Trennfläche zwischen beiden Medien klein ist.

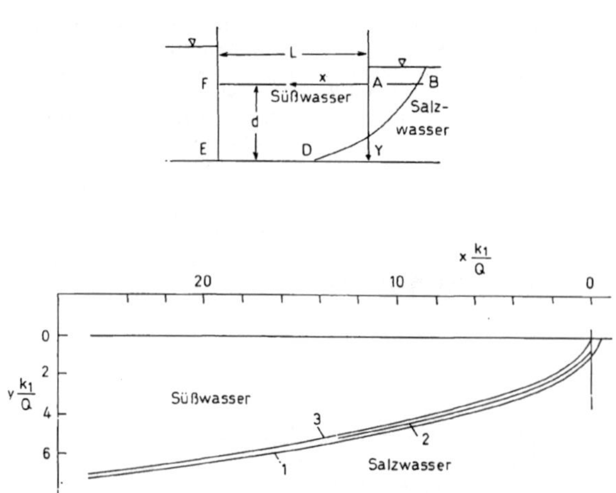


Abb. 1. Lage der Grenze zwischen Süß- und Salzwasser in einem seminifiniten Grundwasserleiter

1 — horizontale Ausflußfläche (nach HENRY); 2 — vertikale Ausflußfläche (nach HENRY); 3 — Gleichung (4) mit $C = 0$

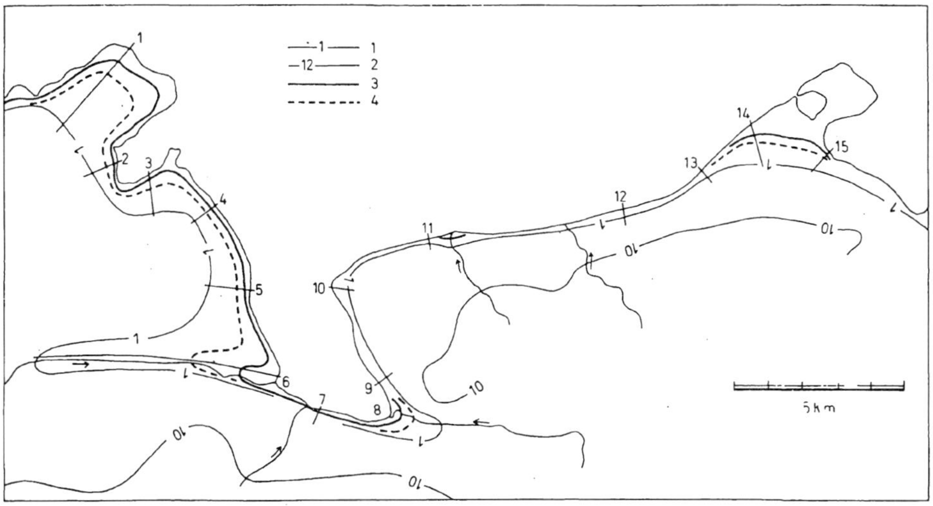

Abb. 2. Grenze zwischen Süß- und Salzwasser in einem Küstenbereich Nordostmecklenburgs

1 – Grundwasserisohypsen; 2 – Profillinien; 3 – Grenze zwischen Süß- und Salzwasser in NN – 50 m Tiefe (nach HENRY) 4 – Grenze zwischen Süß- und Salzwasser 50 m unter NN (nach HERZBERG)

HENRY leitet, von den obenangeführten Grundgleichungen ausgehend, mit Hilfe der Theorie der konformen Abbildung die Berechnungsformeln ab. Er betrachtet den Fall einer horizontalen und vertikalen Ausflußfläche sowohl für einen Grundwasserleiter von praktisch unendlicher als auch von endlicher Ausdehnung. Die Ergebnisse sind nur für einen unendlichen Grundwasserleiter mit horizontaler Ausflußfläche explizit darstellbar. Die anderen Fälle können durch graphische Integration bzw. numerische Berechnung gelöst und graphisch dargestellt werden. Eine vergleichende Betrachtung der Ergebnisse zeigt, daß die Lösungen nur wenig voneinander abweichen. Für einen Grundwasserleiter mit endlicher Ausdehnung tritt die Differenz nur in unmittelbarer Nähe der Sohle auf. Deshalb sollen die Abschätzungen des marinen Einflusses mit der Formel für horizontalen Ausfluß bzw. mit dem entsprechenden Diagramm vorgenommen werden (Abb. 1). Die Gleichung für die Trennfläche lautet:

$$\left(y \frac{k_1}{Q}\right)^2 - 2x \frac{k_1}{Q} - 1 = 0 \quad y = W_s \tag{5}$$

Der Rechenaufwand zur Berechnung des Quotienten $\frac{k_1}{Q}$ läßt sich bedeutend verringern:

$$k_1 = \frac{\varrho_s - \varrho_0}{\varrho_0} k_f \tag{6}$$

Der mittlere Durchlässigkeitsbeiwert wird nach der Formel

$$\bar{k}_f = \frac{\sum_1^n k_{fi} \cdot h_i}{\sum_1^n h_i} \tag{7}$$

berechnet.

Entsprechend der Durchflußgleichung ist:

$$Q = T \cdot J \tag{8}$$

und die Transmissibilität ist gleich:

$$T = \sum_1^h k_{fi} \cdot h_i \tag{9}$$

Setzt man die Werte für den Quotienten ein, so ist:

$$\frac{k_1}{Q} = \frac{\sum_1^n k_{fi} \cdot h_i}{J \cdot \sum_1^n h_i \cdot \sum_1^n k_{if} \cdot h_i} \cdot \frac{\varrho_s - \varrho_0}{\varrho_0} \tag{10}$$

gekürzt ergibt sich:

$$\frac{k_1}{Q} = \frac{1}{J \cdot h} \frac{\varrho_s - \varrho_0}{\varrho_0} \tag{10a}$$

Liegt ein Grundwasserisohypsenplan vor, so kann das Grundwassergefälle ($J$) durch den reziproken Wert des Abstandes ($L$) der 1-m-Isohypse von der Küste ausgedrückt werden:

$$J = \frac{l}{L}$$

$$\frac{k_1}{Q} = \frac{\varrho_s - \varrho_0}{\varrho_0} \cdot \frac{L}{h} \tag{10b}$$

Durch diese Umformungen fällt der schwer bestimmbare Durchlässigkeitsbeiwert weg, und als Rechengrößen sind nur noch das Dichteverhältnis der beiden Wässer, der Abstand ($L$) der 1-m-Grundwasserisohypse von der Küstenlinie und der Wert $h$ vorhanden. Letztere Größe wird der Mächtigkeit der Süßwasser führenden Sedimente gleichgesetzt. Sie repräsentiert keine Durchflußhöhe, sondern die Höhe der Gesteinssäule, über die Transmissibilität und Durchlässigkeitsbeiwert gemittelt wurden.

Die Dichte des Ostseewassers und des Grundwassers betragen bei +10 °C $\varrho_s = 1{,}0075$ und $\varrho_0 = 0{,}9997$.

$$\frac{\varrho_s - \varrho_0}{\varrho_0} = 0{,}0078$$

Die im vorhergehenden Abschnitt dargelegten Formeln sollen für jenen Teil der Ostseeküste der DDR diskutiert werden, der etwa zwischen der Insel Riems und dem Peenestrom liegt. Dieser Küstenabschnitt besteht vorwiegend aus Geschiebemergel mit einem schmalen Strand. Nur an wenigen Stellen, am Kooser See, am Rande der Dänischen Wieck und westlich des Peenestromes (dieses Gebiet umfaßt im wesentlichen den Struck), sowie in den Mündungsgebieten von Ryck und Ziese herrscht ein flaches Ufer vor, und oberflächig stehen hier Torf und anmoorige Bildungen sowie Dünen und Strandwallsande an. Die Durchlässigkeit der quartären Sedimente wechselt infolge eingeschalteter Grundwasserleiter. Spezielle Untersuchungen (SCHIRRMEISTER 1969) haben ergeben, daß die Transmissibilität im Ostteil des Gebietes, etwa östlich Lubmin, bei 0,001—0,003 m²/s und im Westteil bei 0,0003 bis 0,001 m²/s liegt. Nur in den Niederungen der beiden am Südrand der Dänischen Wieck mündenden Flüsse Ryck und Ziese wird sie Werte erreichen, die bei 0,003 bis 0,01 m²/s liegen können.

Die Dynamik des quartären grundwasserführenden Komplexes ist verhältnismäßig einfach gestaltet und wird durch die Morphologie und die Vorflutverhältnisse bestimmt. Die Lage zweier ausgewählter Grundwasserisohypsen zeigt Abb. 2. Besonders an der 1-m-Isohypse ist der unterschiedliche Einfluß der Geschiebemergelhochfläche und der Niederung zu erkennen. Das Rycktal zeigt deutlich, wie stark Oberflächengewässer im Quartär die Grundwasserdynamik beeinflussen.

Einige Bemerkungen müssen noch zum Chemismus des Grundwassers gemacht werden. Das oberflächennahe Grundwasser ist Süßwasser vom Hydrokarbonat-Kalzium-Typ. Nach der Tiefe zu wird es in diesem Raum, bei erschwerten Austauschbedingungen, häufig durch Hydrokarbonat-Natrium-Wasser ersetzt. Eine geogene Versalzung ist in Tiefen um NN —60 m zu erwarten. Dieser Wert hat für die folgenden Berechnungen eine große Bedeutung. Versalzung von der Ostsee her wurde in bisherigen Karten für einen Streifen von etwa ein Kilometer Breite angenommen, ohne daß dafür sichere Beweise vorlagen.

Aus dem Dargelegten sind wesentliche Größen für die Berechnung des Meerwassereinflusses zu entnehmen. Die Rechengröße $h$ wird mit 60 m eingesetzt. Das Gefälle kann für jedes Berechnungsprofil aus der Grundwasserisohypsenkarte entnommen werden. Setzt man den Wert $h$ und das Dichteverhältnis in die Gleichung (10b) ein, so ergibt sich:

$$\frac{k_1}{Q} = \frac{0{,}0078}{60} L$$

$$\frac{k_1}{Q} = 0{,}00013\, L = \frac{0{,}00013}{J} \tag{11}$$

Zur Bestimmung des Einflußbereichs der marinen Versalzung soll die Breite eines küstenparallelen Streifens berechnet werden, in dem die Trennfläche zwischen Salz- und Süßwasser höher als NN —50 m liegt.

Nach Formel (5) und (11) ist

$$(50\,a)^2 - 2ax - 1 = 0$$

und der gesuchte Abstand $x$ ist

$$x = \frac{a}{2}\, 50^2 - \frac{1}{2\,a} \tag{12}$$

Der Bruch $\frac{1}{2a}$ kann vernachlässigt werden, wenn $L$ größer als 1000 m bzw. $J$ kleiner als 0,001 ist; in diesem Fall ist

$$x = 1{,}250\,a, \quad \text{bzw.}$$

$$x = 0{,}1525\, L \tag{13}$$

Nach Formel (12) sind die auf den Profilen der Abb. 2 gelegenen Punkte berechnet worden. Die Rechnung ergab eine Breite des vom Meerwasser beeinflußten Streifens von 20—1000 m.

Die berechnete Grenzschicht liegt etwa in der Mitte der „Diffusionszone". Über ihre Höhe können keine präzisen Angaben gemacht werden. Es kann angenommen werden, daß die molekulare Diffusion, bei Flüssigkeiten im allgemeinen gering, bei dem verhältnismäßig geringen Konzentrationsunterschied sehr klein ist. Die „Diffusionszone" entsteht hauptsächlich als Folge von Änderungen des Grundwassergefälles, die in den natürlichen Grundwasserspiegelschwankungen begründet sind, und weiterhin durch die Tidenerscheinungen der Ostsee. Erstere liegen etwa im Meter- und letztere im Dezimeterbereich.

Bestimmt man den Einfluß der Grundwasserschwankungen, so ergibt sich folgendes:

Die Gleichung (5), umgestellt und aufgelöst, wird zu

$$ay = \sqrt{2ax - 1}$$

$$y = \sqrt{\frac{2ax}{a^2} - \frac{1}{a^2}}$$

$$y = \sqrt{\frac{2}{a}\, x - \frac{1}{a^2}}$$

Auch hier kann das Glied $\frac{1}{a^2}$ vernachlässigt werden.

$$y = \sqrt{\frac{2}{a}}\, \sqrt{x}$$

Setzt man die Gleichung (11) ein, dann ist:

$$W_s = \sqrt{\frac{2J}{0{,}00013}}\, \sqrt{x} = \sqrt{15390\, J}\, \sqrt{x} \tag{15}$$

Anhand des Profils 6 soll ein Beispiel durchgerechnet werden.

Für den „Normalfall" ist der Abstand der 1-m-Grundwasserisohypse 6600 m und $J = 0{,}00015$. Erhöht sich der Grundwasserspiegel um 0,5 m, ist das Gefälle ($J$) gleich 0,00023; erniedrigt sich der Grundwasserspiegel um 0,5 m, ist $J$ gleich 0,000076. Die horizontalen Schwankungen der Trennfläche sind nach Gleichung (13) bestimmbar und ergeben sich zu:

$$x = 710 \text{ m bei } J = 0{,}00023 \text{ und}$$

$$x = 2140 \text{ m bei } J = 0{,}000076$$

Die vertikalen Schwankungen betrachtet man am besten am Punkt $x = 1080$ m. Das ist der Punkt auf dem Profil 6, an dem im Normalfall die Trennfläche auf NN −50 m liegt.

Dazu wird die Gleichung (15) benutzt. Bei einem Gefälle von $J = 0{,}00022$ liegt die Trennfläche bei NN −62 m, und bei $J = 0{,}000076$ liegt sie bei NN −35 m.

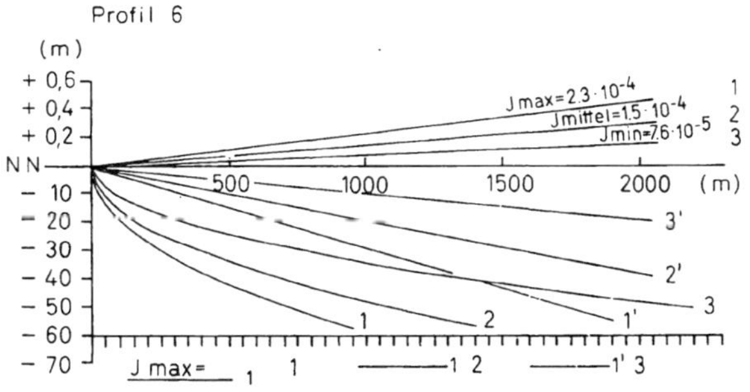


Abb. 3. Salzwasser-Süßwasser-Verteilung am Profil 6

1 – Lage des Grundwasserspiegels; 2 – Grenze (nach HENRY); 3 – Grenze (nach HERZBERG)

Diese Schwankung von 27 m entspricht etwa der Höhe der „Diffusionszone". Besser wird dieser Bereich wohl als Mischungszone bezeichnet. In Abb. 3 sind die Trennflächen für das Profil 6 im Schnitt dargestellt. Instruktiv ist der Vergleich der nach Gleichung (5) berechneten Grenze mit der nach der klassischen Formel von HERZBERG bestimmten. Da letztere einen Kurvenverlauf hat, der dem Grundwassergefälle direkt entspricht, entsteht im durchgerechneten Beispiel eine gerade Grenzlinie. Ihre große Ungenauigkeit fällt besonders in Ufernähe auf, da dort die Grenze bestimmt zu hoch liegt.

Interessant erscheint, inwieweit bei der Anwendung der Gleichung (5) die Ergebnisse für die Reichweite der Süßwasserschicht über die Küstenlinie hinaus und die Lage der Süßwasser/Salzwasser-Grenze an der Uferlinie als wahrscheinlich erscheinen. Durch Nullsetzen von $x$ und $y$ lassen sich aus Gleichung (5) beide Werte ableiten.

1. Reichweite des Süßwassers über die Küstenlinie hinaus:

$$-x = (2a)^{-1} \tag{16}$$

2. Lage der Süßwasser/Salzwasser-Grenze an der Küstenlinie:

$$W_{sk} = a^{-1} \tag{17}$$

Angewandt auf die drei Fälle am Profil 6 ist für

$J = 0{,}00023$ $a = 0{,}56$ $x = 0{,}78$ m $W_{sk} = 1{,}77$ m,

$J = 0{,}00015$ $a = 0{,}87$ $x = 0{,}58$ m $W_{sk} = 1{,}16$ m,

$J = 0{,}000075$ $a = 1{,}71$ $x = 0{,}29$ m $W_{sk} = 0{,}58$ m.

Diese Überlegungen zeigen, daß das Salzwasser im obersten Teil des Grundwasserleiters nur wenig Süßwasser verdrängen kann. Wie diese speziellen Verhältnisse im Gelände aussehen, müßte noch untersucht werden. Dagegen dürfte die Mächtigkeit der Süßwasserschicht am Ufer durchaus den wirklichen Verhältnissen entsprechen.

Die dargelegten Ergebnisse sind stark von dem Grundwassergefälle abhängig. Infolge der Ungenauigkeit der Isohypsen, bedingt durch fehlende Meßpunkte und durch nichtisochrone Messungen, können sie nur als Abschätzungen angesehen werden. Die Größe der bei ungenauem Gefälle auftretenden Fehler ist ebenfalls aus der Untersuchung am Profil erkennbar.

Benutzte Symbole:

$a$ — $\frac{k_1}{Q}$
$C$ — Integrationskonstante,
$h$ — Mächtigkeit des in die Berechnung einbezogenen Gesteinspakets (m),
$J$ — Grundwassergefälle,
$k_f$ — Durchlässigkeitsbeiwert (m/s),
$\overline{k_f}$ — mittlerer Durchlässigkeitsbeiwert für schichtparallele Strömung,
$k_1$ — $\frac{\varrho_s - \varrho_0}{\varrho_0} \overline{k_f}$
$L$ — Abstand der 1-m-Grundwasserisohypse von der Küstenlinie (m),
$Q$ — Grundwasserabfluß je Meter Küstenlinie ($m^3/m \cdot s$),
$T$ — Transmissibilität ($m^2/s$),
$u$ — horizontale Geschwindigkeitskomponente (m/s),
$W_s$ — Grenze zwischen Süß- und Salzwasser (NN — m),
$W_{sk}$ — Grenze zwischen Süßwasser und Salzwasser (NN — m) an der Küstenlinie,
$W_0$ — Grundwasserspiegel (NN + m),
$x, y$ — Koordinaten, Bedeutung entsprechend dem Text,
$\varrho_0$ — Dichte des Süßwassers,
$\varrho_s$ — Dichte des Salzwassers.

## Zusammenfassung

Nach Darlegung der verschiedenen Möglichkeiten zur rechnerischen Bestimmung der Salzwasser/Süßwasser-Grenze, wird die Berechnung an einem Abschnitt der Ostseeküste der DDR durchgeführt. Die Rechnungen ergaben ein Eindringen des Salzwassers zwischen 20 und ca. 1000 m in die Grundwasserleiter. Infolge Grundwasserspiegelschwankungen sind horizontale und vertikale Änderungen der Versalzungsgrenze möglich.

## Резюме

После изложения различных возможностей по определению границы соленой воды с пресной путем вычисления, это вычисление проводится для одного участка берега Балтийского моря на территории ГДР. Результаты вычислений показывают, что соленая вода проникает в водоносные горизонты от 20 примерно до 1000 м. Вследствие колебания уровня грунтовых вод возможны горизонтальные и вертикальные изменения границы засоления.

## Summary

A description of various possibilities for determining numerically the salt-water and fresh-water boundary is followed by a calculation made in a section of the Baltic coast of the G. D. R. Results show a penetration of saltwater into the aquifers between 20 and about 1,000 m. Owing to variations of the ground-water level the boundary of oversalting can be changed in a horizontal and vertical direction.

## Literatur

BABUSCHKIN, W. D., & W. M. GOLDBERG: Hydrogeologische Forschungen und Bestimmung der Grundwasserreserven in Küstengebieten. – Publikation Nr. 72. de l'AIHS, Gentbrugge 1967.

HENRY, H. R.: Interfaces between saltwater and freshwater in coastal aquifers. – Geol. Survey Water Supply Paper 1613 C (1964).

HERZBERG, A.: Die Wasserversorgung einiger Nordseebäder. – Journal für Gasbeleuchtung und Wasserversorgung, 44, S. 815 (1901).

KEILHACK, K.: Lehrbuch der Grundwasser- und Quellenkunde. – Verl. Gebr. Borntraeger, Berlin 1935.

KITGAWA, K.: Un aspect du développement des études des eaux souterraines au Japon. – Jap. J. for Astronomy and Geophysics, 17, S. 141–155 (1939).

KOZENY, J.: Hydraulik. – Springer Verl., Wien 1953.

SCHIRRMEISTER, W.: Komplexe hydrogeologische Kartierung der DDR (Blatt Lubmin 0309–1) 1:50000. – Hrsg. zentr. geol. Inst., Berlin 1969 (in Vorbereitung).

# Die Methodik der Suche nach Fluoritlagerstätten im westlichen Transbaikalien

A. P. MORDWIN, Irkutsk

Die ständig steigende Nachfrage der Industrie nach Fluorrohstoffen erfordert eine verstärkte Suche nach neuen Fluoritlagerstätten und die Erkundung bereits nachgewiesener Vorkommen im westlichen Transbaikalien. Zum gegenwärtigen Zeitpunkt sind hier eine große Anzahl von Fluoritvorkommen und -lagerstätten (Churai, Burun-Ula, Nishne-Tschikoi, Titowo u. a.) aufgeschlossen und untersucht sowie die grundlegende Gesetzmäßigkeit der räumlichen Verbreitung der Fluoritlagerstätten ermittelt worden (SCHTSCHEGLOW 1959, 1961). Diese Gesetzmäßigkeit besteht darin, daß die Lagerstätten an große regionale Brüche, die mesozoische Depressionen einfassen, gebunden sind.

Die Aufdeckung der genannten Gesetzmäßigkeit gestattete eine erhebliche Reduzierung der Flächen für die Suche, jedoch ist die Effektivität der Sucharbeiten immer noch gering. Die außergewöhnliche Sprödigkeit, die geringe Härte und die Eigenschaft, bei Temperaturschwankungen leicht rissig zu werden, führen dazu, daß die natürlichen primären Fluoritausbisse entweder abgetragen (monomineralische Erzkörper) oder im Ergebnis eines selektiven Zerfalls und der Abtragung stark vertaubt sind (quarzitische Fluoritkörper). Einer noch größeren Veränderung unterliegen Bruchstücke von Fluorit in deluvialen Schichten, insbesondere in ihren oberen Teilen. Bei einer mechanischen Umlagerung und bei der Verwitterung werden sie relativ schnell zermahlen, was eine makroskopische Bestimmung erschwert. Quarz-Fluorit-Trümmer wandeln sich dabei in Bruchstücke um, die im wesentlichen aus Quarz bestehen.

Aus diesem Grunde haben die mit geologischen Methoden einer Untersuchung zugänglichen Verbreitungsaureolen von Fluorit nur eine äußerst begrenzte Fläche. Es genügt, darauf hinzuweisen, daß Fluorittrümmer in alluvialen Schichten praktisch nicht angetroffen werden und selbst im Deluvium in Entfernungen von 300 bis 500 m von der Lagerstätte sehr selten auftreten. Bekannt sind ferner auch viele Fälle, in denen makroskopisch beobachtete Fluoritbruchstücke selbst in Schurfgräben, hangabwärts in einer Entfernung von 10–20 m vom primären Ausbiß, nicht mehr festgestellt wurden.

Aus: „Raswedka i ochrana nedr", Heft 2 (1969), S. 15–17.
Übers.: Dr. BINTIG, Berlin.

Alle diese Faktoren erschweren das Auffinden von Fluoritlagerstätten bei der Durchführung der geologischen Aufnahme und der Suche, insbesondere auf den mit dichter Grasnarbe bewachsenen Nordhängen. Die überwiegende Mehrzahl der Fluoritvorkommen im westlichen Transbaikalien wurde an Südhängen aufgeschlossen (Dshidot, Shapsar, Churai, Titowo u. a.). Vereinzelte Fluoritanzeichen sind an den Nordhängen mit Hilfe geochemischer Methoden festgestellt wurden.

Die genannten Tatsachen beweisen, daß die Bewertung von Fluoritausbissen sehr sorgfältig erfolgen muß, weil ihre Kennwerte an der Oberfläche in den meisten Fällen zu niedrig liegen. Im Zusammenhang damit muß jedes Auftreten einer Fluoritmineralisation durch Schurfgräben aufgeschlossen und bis zu einer möglichst großen Teufe beprobt werden. Geochemische Methoden werden bei der Suche nach Fluorit nur langsam eingeführt. Die Ergebnisse ihrer Anwendung sind in der Literatur nur unzureichend dargestellt. Unserer Meinung nach stellt die Fluorometrie — begründet auf der Entnahme gewöhnlicher metallogenetischer Proben und ihrer spektralanalytischen Untersuchung auf Fluor — eine der effektivsten geochemischen Methoden der Suche nach Fluorit dar. Auf der Lagerstättengruppe von Torei (Churai, Titowo) wird die fluorometrische Aufnahme seit 1959 angewendet.

Der Lagerstättenbereich, in dem die fluorometrische Aufnahme durchgeführt wurde, ist ein Mittelgebirgsgebiet mit Erhebungen von 720 bis 1400 m NN. Die relative Höhe der Wasserscheiden über den Talsohlen beträgt 150—200 m. Die Nordhänge des Bezirks sind im allgemeinen flach geneigt (10—15°), die südlichen etwas steiler (15—30°).

In der ersten Etappe der fluorometrischen Aufnahme wurden Versuche zur Auswahl der rationellsten Entnahmetiefe und des Probenabstands durchgeführt. Das Probengewicht betrug nach der Siebung 50 g; die Probenaufbereitung erfolgte nach dem allgemein bekannten Verfahren. Zur Ermittlung der effektivsten Probenentnahmetiefe wurden innerhalb bekannter Erzkörper an jeweils der gleichen Stelle drei Proben aus Tiefen von 0,05, 0,15 und 0,30 m entnommen und auf Fluor analysiert. Die Ergebnisse zeigten, daß an den Proben aus einer Tiefe von 0,15 und 0,30 m jeweils die gleichen Fluorgehalte ermittelt werden, während in den Proben aus einer Tiefe von 0,05 m häufig bedeutend

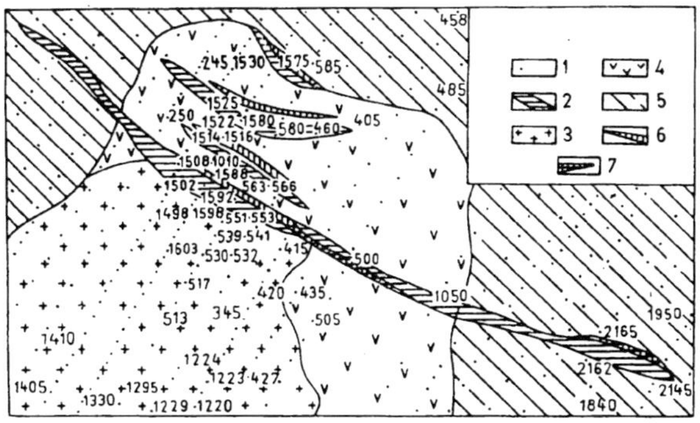

Abb. Grundriß der fluorometrischen Probenahme des Lagerstättenteils Churai

1 – Entnahmepunkte der fluorometrischen Probe und Probennummer; 2 – Streuungsaureolen mit Fluorgehalten von 0,3 bis 3%; 3 – Granite; 4 – Porphyrite; 5 – Schiefer; 6 – bereits vor der fluorometrischen Aufnahme bekannte Quarz-Fluorit-Gänge; 7 – bei der fluorometrischen Aufnahme nachgewiesene Quarz-Fluorit-Gänge

weniger und in einigen überhaupt kein Fluor mehr enthalten ist.

Die Gründe für die starke Verringerung des Fluorgehalts in der obersten Schicht des Deluviums sind nicht vollständig bekannt. Offensichtlich erklärt sich die Verringerung damit, daß in Oberflächennähe der Zerfall des Fluorits in kleinste Teilchen und deren Wegführung schneller vor sich gehen. Es ist auch möglich, daß hier eine Auflösung des Fluorits stattfindet, wie sie schon von G. BERG (1957) beobachtet wurde. Die Proben für die Analyse auf Fluor müssen folglich aus einer Tiefe von 0,15—0,20 m (ohne die Humusschicht) entnommen werden.

Die Versuche zur Festlegung des rationellsten Probenabstands bestanden in einer Verringerung der Schrittweite von 40 m auf 20 m auf einem festgelegten Profil (s. Abb.). Es zeigte sich, daß die Proben, die im Abstand von 40 m entnommen wurden, lediglich niedrige bzw. die Grundgehalte an Fluor aufweisen. In den Proben jedoch, die im Abstand von 20 m entnommen wurden, wurden anomale Fluorgehalte bei jedem Schnitt des Profils mit dem Erzkörper festgestellt.

Aus der Abbildung ist ersichtlich, daß die Streuungsaureolen des Fluors nur relativ kleine Flächen einnehmen, was durch die Verringerung der Fluorgehalte infolge des schnellen Zerfalls des Fluorits in kleine Teilchen und ihre Wegführung durch die Grundwässer erklärt werden kann. Im Zusammenhang damit muß der Entnahmeabstand der Proben bei detaillierten Sucharbeiten auf Fluorit gleich 20 m sein.

Der Abstand zwischen den Profilen war bei der Suche nicht größer als 100 m. Diese Entfernung kann erheblich vergrößert werden — bis zur halben Länge des kürzesten Ganges.

Die Ergebnisse der Überprüfung der Anomalien durch Schurfgräben zeigten, daß bei einem Probenabstand von 20 m und einer Entnahmeteufe von 0,15 m die Fluorgehalte bis 0,1% als Grundgehalte gelten. Anomalien mit einem Fluorgehalt bis 0,3% entsprechen Erzkörpern, die nicht die Konditionen erfüllen; und Anomalien mit Gehalten von mehr als 0,3% entsprechen industriell interessanten Erzkörpern.

Die Effektivität der Anwendung der fluorometrischen Aufnahme kann anhand folgender durch den Verf. in den Jahren 1959 bis 1961 gewonnener Werte beurteilt werden. In den Erzkörpern der Lagerstätte von Churai wurden ausgeprägte Anomaliengehalte an Fluor im Deluvium ermittelt (s. Abb.). Dabei werden mit Hilfe dieser Anomalien sogar die Apophysen der Erzkörper erkennbar. Im Ergebnis der Überprüfung einiger Anomalien durch Schurfgräben wurden vorher nicht bekannte Erzkörper aufgeschlossen, wie z. B. der Gang Nr. 9, das Teilfeld „Osten" u. a.

Bei der Suche nach Fluorit kann die Zuverlässigkeit der Überprüfung der Anomalien durch einen markscheiderischen Anschluß der Entnahmepunkte für die fluorometrischen Proben durch eine eingehendere, nochmalige Aufnahme der Fläche der Anomalie oder durch die Anlage von durchgehenden Schurfgräben gesichert werden. Andernfalls könnte die Anomalie fälschlicherweise negativ bewertet werden.

Die Spektralanalysen werden in der Regel in Zentrallaboratorien durchgeführt. Die Ergebnisse liegen meist erst am Ende der Feldsaison vor, wenn die Überprüfung der einen oder anderen Anomalie bestimmte Schwierigkeiten macht bzw. in manchen Fällen überhaupt nicht ausgeführt werden kann. Um das zu vermeiden, müssen die fluorometrischen Proben bereits vor ihrer Aufmahlung unmittelbar in den geologischen Trupps unter Ausnutzung der charakteristischen Nachweiseigenschaften des Fluorits — der Lumineszenz und der Fluoreszenz — durchgesehen werden. Die letztgenannte Eigenschaft wurde mit hinreichendem Erfolg vom Verf. für die Bestimmung des Fluoritanteils im Kern beim Kernbohren bzw. — falls kein Kern ausgebracht wird — im Bohrschlamm angewendet. Ein sehr einfaches Gerät, bestehend aus einer Wärmequelle und einem Tubus für die Abblendung und die Beobachtung, gestattete eine näherungsweise Bestimmung des Gehalts an Fluorit („fehlt", „wenig", „viel", „sehr viel") sowie eine starke Verringerung der Anzahl der chemischen Analysen.

Es muß berücksichtigt werden, daß die Größe der Teilchen der fluorometrischen Proben bedeutend kleiner ist als die des Bohrschlamms. Deshalb müssen bei der Durchsicht der Proben unter dem Luminoskop oder mittels anderer Geräte, die auf der Grundlage der Fluoreszenz arbeiten, unbedingt Vergrößerungseinrichtungen verwendet werden.

## Literatur

BERG, G.: Die Geochemie der Lagerstätten nutzbarer Bodenschätze. – ONTI (1937).

FERSMAN, A. E.: Geochemische und mineralogische Methoden der Suche nach nutzbaren Bodenschätzen. – Verl. AN SSSR (1937).

SCHTSCHEGLOW, A. D.: Über die Fluoritlagerstätten des westlichen Transbaikalien. – Raswedka i ochrana nedr, Nr. 7 (1959).

– Die Grundzüge der Geologie und der Genese der Fluoritlagerstätten des westlichen Transbaikalien. – Geologija rudn. mest., Nr. 3 (1961).

Zeitschrift für angewandte Geologie, Bd. 16 (1970), Heft 1


# Die Feinstratigraphie des Staßfurtflözes im Südharz und ihre Parallelisierung mit dem Unstrutgebiet

CHRISTIAN DÖHNER, Sondershausen

(Mitteilung aus dem Kaliforschungsinstitut Sondershausen)

In mächtigen Kalilagern sind feinstratigraphische Gliederungsmöglichkeiten ein wichtiges Orientierungshilfsmittel in allen Phasen der Lagerstättennutzung. Neben dem Geologen bedient sich ihrer auch der Bergmann in großem Umfang bei der Erkundung, Aus- und Vorrichtung, Abbauplanung und -durchführung. Unter den Kalilagern des mitteleuropäischen Zechsteins richteten sich entsprechende Arbeiten vor allem auf das Staßfurtflöz (K 2). Den rein praktischen Anforderungen können die in den letzten Jahrzehnten eingebürgerten Gliederungsschemata von mehr oder weniger lokaler Geltung im allgemeinen genügen. In gleichem Maße jedoch, wie der Einfluß der Lagerstättenforschung auf technisch-ökonomische Entscheidungen, Planungen und den Produktionsablauf selbst zunimmt, wächst auch die Bedeutung eines stratigraphischen Gerüstes regionaler Gültigkeit, das eine Horizontierung struktureller und substanzieller Phänomene über größere Entfernungen gestattet und damit zur Erkenntnis ihrer kontrollierenden Faktoren beiträgt.

Als Beitrag hierzu wird in dieser Arbeit der gegenwärtig erreichte Stand der Flözstratigraphie im K 2 des Südharzkalireviers umrissen, wobei die Parallelisierung mit dem östlich anschließenden Kyffhäuser- und Unstrutgebiet spezielle Beachtung findet.

## 1. Grundlagen der Flözgliederung im Südharzgebiet

Die von ROZSA (1913) für das Staßfurter Gebiet erarbeitete, später besonders von MIDDENDORF (1930) und STORCK (1937) auf den gesamten subherzynen Raum ausgedehnte Leitbankgliederung bildet hier noch heute die Grundlage der Flözstratigraphie. Nach MÖTZING (1963) ist auch mit dem Unstrutgebiet eine zumindest teilweise Korrelation durchführbar. Demgegenüber gibt ROZSA (1918) über seine Parallelisierungsversuche in der bereits zum Südharzkalirevier gehörigen Schachtanlage Hain nur spärliche Auskunft. Da die entsprechenden Aufschlüsse später durch Auflassen der Grube verlorengingen, besteht gegenwärtig keine Möglichkeit für einen direkten Vergleich mit dem im Südharz verwendeten Leitbankprofil.

Das Gliederungsprinzip des Südharzreviers gründet sich auf das bekannte Unstrutbanksystem von TINNES (1928). Vom Unstrutgebiet ausgehend, konnte TINNES seine Leitbänke in nahezu gleichbleibender Ausbildung über die Gruben des Kyffhäusergebietes bis in den Mittelteil des Südharzreviers („Glückauf" Sondershausen, Kleinbodungen) verfolgen. Die Teilung des Staßfurtflözes in eine durch mächtige Halitbänke charakterisierte Liegendgruppe und eine im allgemeinen bankfreie, engschichtige Hangendgruppe wurde auch für dieses Kalisalzrevier als zutreffend erkannt. Die einzige von TINNES mitgeteilte Abwandlung besteht darin, daß die im Unstrut- und Kyffhäuserbereich kieseritischen und langbeinitischen Einlagerungen der Leitbänke im Südharz durch weißlichen Anhydrit ersetzt werden.

AHLBORN (1936a und b) trug wesentlich zur weiteren Einführung der Unstrutbänke in die montanistische Praxis des Südharzgebietes bei. Für die Liegendgruppe im Raum Sondershausen—Bleicherode—Sollstedt lag zu Beginn der 50er Jahre bereits ein einheitliches Flözprofil nach Leitbänken vor.

In einer Zusammenfassung des im Südharzgebiet vorhandenen Materials und nach eigenen Vergleichsaufnahmen gelangte STOLLE (1963 und 1964) zu dem Ergebnis, daß in der Parallelisierung mit dem locus typicus der Unstrutbänke geringfügige Differenzen bestehen. So ist nach STOLLE wahrscheinlich die 7. Bank des Südharzes mit der 8. von Roßleben identisch. Sein Vorschlag, im Südharz deshalb künftig nur noch von „Leitbänken" zu sprechen, hat sich inzwischen allgemein durchgesetzt.

## 2. Zur Ansprache der Leitbänke im Südharzgebiet

Die Aufstellung des Leitbankprofils von ROZSA (1913) erfolgte in den schichtigen Carnallitgesteinen des Staßfurter Gebietes. Die von ihm ausgehaltenen Halitbänke sind — zumindest, soweit sie auf den Bereich der eigentlichen Carnallitregion entfallen — in substanzieller (und genetischer) Hinsicht eindeutig von der kieseritisch—halitisch—carnallitischen Wechsellagerung der Bankzwischenmittel differenziert. Auch bei allen späteren Bearbeitern des subherzynen und mitteldeutschen Raumes gilt, unabhängig von der Flözausbildung, das Erscheinungsbild der Leitbank im unveränderten, durch Umbildungen nicht überprägten Carnallitit als Kriterium für ihre Abgrenzung gegen die Zwischenmittel.

Im Südharzgebiet besteht eine solche Bezugsmöglichkeit nicht. Trümmerstruktur ist hier fast ausnahmslos das Gefüge der Carnallitgesteine. Die wenigen Aufschlüsse geschichteten Carnallitits umfassen jeweils nur einen begrenzten, meist auf die Liegendgruppe entfallenden Teil des Staßfurtflözes. Ein substanziell und strukturell ungestörtes, vollständiges Carnallititprofil des Flözes ist z. Z. auch durch Summierung der verstreuten Einzelaufschlüsse nicht aufzustellen.

Um daraus resultierenden, gelegentlichen Zweifeln hinsichtlich einer exakten Abgrenzung der Leitbänke in Umbildungsgesteinen vorzubeugen, hat STOLLE (1964) die bislang vorherrschend geübte Praxis für das

Eingang des Manuskripts in der Redaktion: 3. 10. 1969.

Südharzgebiet präzisiert. Die Hangend- und Liegendbegrenzung der Leitbänke im Hartsalz und in Vertaubungen erfolgt danach ausschließlich durch dunkle, tonig-anhydritische oder tonige Lagen. Diese sind damit niemals Bestandteil einer Bank; sie sind vielmehr streng zu unterscheiden von den „helleren, anhydritischen Einlagerungen der Steinsalzbänke und -lagen vertaubter Lagerpartien, die seitlich, je nach Flözausbildung, in Sylvin-, Carnallit-, Kieserit- oder (nur im Unstrutgebiet) Langbeinitstreifen übergehen können“ (STOLLE 1964). Die letztgenannten Einlagerungen von Fremdmineralen sind mehr oder weniger deutlich auf bestimmte Zonen im Vertikalprofil der Halitbänke beschränkt und gelten als deren spezifische Charakteristika.

Das damit fixierte Prinzip geht an sich bereits aus den Beschreibungen von TINNES (1928) hervor, die sich gleichfalls vorwiegend auf Hartsalzausbildung beziehen. Doch sowohl von ihm als auch von anderen Autoren wurde in manchen Fällen anders verfahren. So bezog z. B. REICHENBACH (1957) in seiner Neubearbeitung bis dezimeterstarke dunkelschichtige Partien in die untersten Unstrutbänke mit ein.

Die unterschiedliche Ansprache der Bänke kann die Vergleichbarkeit von Flözaufnahmen verschiedener Autoren maßgeblich beeinträchtigen und erfordert daher Beachtung. Als Beispiel hierfür sei die 13. Leitbank des Südharzprofils angeführt. Sie entspricht im Unstrutrevier der sogenannten „Einfachen Lage“ nach MÖTZING (1963), jedoch nicht in ihrer Gesamtheit. Im Bestreben nach weitestgehender Übereinstimmung mit dem Gliederungsprinzip ROZSAs umfaßt die „Einfache Lage“ nur den unteren, rein halitischen Teil der 13. Leitbank, deren oberer, aus hellgrauem Anhydrit oder Sylvinit bestehender Teil bei MÖTZING bereits zum hangenden Zwischenmittel gehört. Nicht zuletzt wegen der praktisch-montanistischen Anforderungen an die lokal gebräuchlichen Gliederungen dürfte es jedoch auch künftig unvermeidbar sein, daß sich diese in erster Linie an den Gegebenheiten ihres mehr oder weniger begrenzten Geltungsbereiches orientieren.

## 3. Die Hangendgruppe des Staßfurtflözes

### 3.1. Feinstratigraphisches Normalprofil

Charakteristisch für das Schichtungsgefüge der Hartsalz- und Vertaubungsgesteine im Südharzgebiet ist die vielfache, in ihrer Dichte partienweise wechselnde Aufeinanderfolge von

a) vorwiegend chloridischen Lagen (Halit bzw. Halit u. Sylvin, diffus oder schichtig verwachsen), denen nest- bis lagenartig sulfatische Minerale (meist ausschließlich hellgrauer Anhydrit) eingelagert sind, und

b) meist dunkelgrauen, tonig-anhydritischen (selten auch tonig-polyhalitischen) Lagen von Millimeter- bzw. Zentimeterstärke, oft von Chloriden durchsetzt.

In der Hangendgruppe des Flözes, dem Hauptgegenstand des Bergbaus, folgen die unter b) genannten Schichtungselemente mit nur wenigen Ausnahmen in $< 10$ cm Abstand. Sie leistete deshalb den Versuchen einer feinstratigraphischen Untergliederung lange Zeit Widerstand. In größerer Verbreitung konnte nur ein einziges Halitbänkchen, ca. 3,50 m über der 10. Leitbank, als Orientierungsmittel dienen. STOLLE (1964) bezeichnete es als 12. Leitbank. Im übrigen wurden nur von wenigen Autoren in lokaler Beschränkung Leithorizonte ausgehalten. So beschrieben KATZER (1957) und BUDZINSKI (1956) einen bzw. zwei markante, bis zentimeterstarke Tonsteinlagen (Tonlöser A und B) im obersten Teil der Hangendgruppe des Raumes Bleicherode—Kleinbodungen. Nachdem jedoch eingehende Untersuchungen der Flözhangendgrenze im Südharzgebiet (DÖHNER 1968) den Nachweis erbracht hatten, daß diese in ihrer heutigen stratigraphischen Position erheblichen Schwankungen unterliegt, war auch eine bessere Vergleichbarkeit einander entsprechender Horizonte gegeben. Trotz gewisser, in der engen Schichtung begründeter Erschwernisse konnte eindeutig belegt werden, daß die Detailcharakteristika der einzelnen Profilabschnitte, wie relativ engerer oder weiterer Abstand der tonigen Anhydritschichten, spezifische Einlagerungen und Begrenzung mancher chloridischer Einzelschichten sowie Mächtigkeitsrelationen und Aufeinanderfolge der Profilabschnitte, in allen Gruben des Südharzreviers bemerkenswert übereinstimmen.

Die auf diese Arbeiten gegründete, feinstratigraphische Gliederung der Hangendgruppe (DÖHNER 1968) hat inzwischen in allen Teilen des Südharzreviers ihre Gültigkeit und praktische Verwendbarkeit bewiesen.

Im Anschluß an die Leitbänke der Liegendgruppe und entsprechend der üblichen Praxis (STOLLE 1964) wurden als Leithorizonte 11 bis 19 die relativ stärksten, durch weitere Merkmale besonders gekennzeichneten Halit- bzw. Sylvinitschichten ausgehalten. Da die auch hier eingeschalteten, zur Charakterisierung beitragenden Sylvin- bzw. Anhydritbänder infolge der geringeren Bankmächtigkeiten meist einen größeren Anteil des Bankquerschnitts beanspruchen als in den Leitbänken 1 bis 10, kann besonders in Hartsalzausbildung bei einigen der Charakter von „Steinsalz“leitbänken verwischt werden. Vor allem betrifft dies die 11., 12. und 16. Leitbank. Aus diesem Grunde sowie zur Unterscheidung ist der Benutzer im Hartsalz häufig auf eindeutig und sofort ansprechbare Ausgangshorizonte angewiesen, die sich in den sehr charakteristischen Profilabschnitten der 12. bis 15. Leitbank und etwa ab Bank 16/17a bis zur 19. Leitbank anbieten.

Auf eine Gegenüberstellung des Hartsalz- bzw. Vertaubungsprofils mit der carnallitischen Ausbildung wurde verzichtet. Soweit die Hangendgruppe überhaupt in geschichteter Carnallititausbildung angetroffen wurde — die Aufschlüsse reichen hierbei nie über die 13. Leitbank —, weist der mehr oder weniger weitgehende Einsatz der Kieseritkomponente durch Anhydrit fast stets auf eine bereits erfolgte, lösungsmetamorphe Überprägung hin. Diese Vorkommen treten vorwiegend inselförmig randlich bzw. innerhalb größerer Vertaubungen auf, was ihren Umbildungszustand teilweise erklären kann. Vermutlich bewirkte gerade die Sulfatumbildung zugleich eine Stabilisierung des Carnallititgefüges und trug so dazu bei, dieses vor der späteren Zertrümmerung zu bewahren.

Eine Parallelisierung der erschlossenen Teile mit dem Hartsalzprofil ist jedoch möglich. Generell verwirklicht

Tabelle. Stratigraphisches Normalprofil der Liegendgruppe des Staßfurtflözes im Südharzkalirevier

| Horizont | Carnallititausbildung | | Hartsalz- bzw. vertaubte Ausbildung | |
|---|---|---|---|---|
| 10. LB | 8<br>20<br>20 | Halitbänkchen<br>Kieserit- bzw. kieseritreiche Carnallitlage<br>Halitbank, an d. Basis doppelter Tonstreifen | 20–40 | auffallend unscharfe Hangendgrenze; im oberen Teil sylvinitisch bzw. anhydritisch durchsetzt; 2 feine Anhydritstreifen in 1 cm Abstand an der Basis |
| ZM 9/10 | 55<br>65<br>15<br>25 | bändrige WL von Carnallit u. Halit; kieseritarm<br>do., Halitlagen ± kieseritreich<br>Halitbank, carnallitisch gestreift (9/10 a)<br>bändrige WL von Carnallit und Halit, kieseritfrei | 60–70 | oberster Teil und unterste cm enger geschichtet; wenige cm über Basis dm-starke Steinsalzbank (9/10 a); einige stärkere Sylvinit- u. Steinsalzlagen von geringem Leitwert |
| 9. LB | 20<br>17 | Carnallitlage mit vereinz. Halit- u. Kieseritbändern<br>Halitbank, wellige Oberkante, Kieseritband in Basisnähe | 20–30 | sylv. bzw. anhyd. Einlagerungen in 2/3 Höhe, weniger ausgeprägtes Band in Basisnähe |
| ZM 8/9 | 20<br>65<br>15<br>35<br>60<br>40<br>70 | bändrige WL v. kieseritreichem Halit u. Carnallit<br>do., kieserit- u. halitärmer, unterer Teil ± streifig<br>Carnallitlage<br>halit- u. kieseritreiche WL (Bereich 8/9 b)<br>bändrige WL von Carnallit, Halit, seltener Kieserit<br>kieseritreiche Halitzone (Bereich 8/9 a)<br>Carnallit, ± weitschichtig, in WL mit Halitbändern, kieseritarm | 80–120 | dicht unter d. Hangendgrenze eine ± dünnbankige Sylvinit- bzw. Steinsalzlage;<br>in 1/3 und 2/3 Höhe dm-starke Steinsalzbänkchen, bei Hartsalzausbildung ± sylvinitisch (8/9 a u. 8/9 b); einige weitere, ähnliche Lagen von geringerem Leitwert |
| 8. LB | 7<br>15<br>15 | Halitbänkchen<br>kieseritreiche Carnallitlage<br>kieseritfreier Carnallit, an d. Basis markanter Tonlöser | 10–20 | sylv. bzw. anhyd. Einlagerungen, bevorzugt im unteren Teil; an Basis markantes, ± zerflasertes, toniges bzw. tonig-anhyd. Band; Bank im Hartsalz z. T. undeutlich |
| ZM 7/8 | 65<br>60<br>75<br>25 | bis bankiger Carnallit mit Halitbändern, kieseritarm<br>halit- u. kieseritreiche Zone, bändrig bis bankig<br>bändrige WL v. Carnallit u. Halit, kieseritarm<br>2 kieseritreiche Halitbänkchen im Carnallit (Bereich 7/8 a) | 95–115 | im mittleren Teil auffallend weit geschichtet; dicht über Basis dm-starke, schwach sylvinitische bzw. anhydritische Steinsalzbank (7/8 a) |
| 7. LB | 10<br>10 | kieseritarme, halitische Carnallitlage, toniger Hangendlöser<br>Halitbank, kieseritisch gebändert | 15–25 | in den obersten cm sylv. bzw. anhyd. durchsetzt, als Hangendgrenze markante, tonig-anhyd. Lage |
| ZM 6/7 | 25<br>25<br>35<br>45<br>15<br>10 | Carnallit m. seltenen Halit- u. Kieseritbändern<br>Anreicherung v. Halitbändern (Bereich 6/7 b)<br>Carnallit; d. Halitstreifen z. Teil engschichtig; kieseritarm<br>Carnallit, kieseritarm, 2 Halitbänder in 1/4 u. 3/4 Höhe<br>2–3 kieseritische Halitbänder im Carnallit (6/7 a)<br>Halit mit dunkelgrauen, tonig-anhyd. Streifen | 45–80 | nahe d. Basis ein dm-starkes Steinsalzbänkchen, gelegentlich ± sylvinitisch bzw. anhydritisch durchsetzt (6/7 a); häufig ein weiteres Bänkchen dicht unter der Hangendgrenze |
| 6. LB | 2<br>8<br>10<br>11<br>18 | Halitband<br>stark kieseritischer Carnallit<br>Halitbank; ± kieseritisch gestreift, wellige Oberkante<br>stark kieseritischer Carnallit<br>Halitbank, an d. Basis tonig-anhyd. Streifen | 35–60 | je eine bandartige sylvinitische bzw. anhydritische Einlagerung in 1/2 und 3/4 Höhe (in Carnallitnähe sehr stark kieseritisch); ein schmaleres Band in Basisnähe |
| ZM 5/6 | 35 | dünnbankige WL v. kieseritischem Halit und Carnallit | 15–20 | |
| 5. LB | 2<br>35<br>20<br>5<br>2 | Halitband, toniger Streifen an der Oberkante<br>Carnallit, mäßig bis stark kieseritisch<br>Halitbank, wellige Oberkante<br>Kieserit- oder Carnallitband<br>Halitband | 35–50 | in der oberen Hälfte ein breites sylvinitisches bzw. anhydritisches Band (in Carnallititnähe sehr stark kieseritisch) |
| ZM 4/5 | 1<br>9<br>10<br>25<br>25<br>70<br><br>65 | Tonlage<br>streifige WL von Halit und Carnallit,<br>Carnallit mit 1–2 Kieseritbändern<br>Häufung v. 6–7 Halitbändern im Carnallit<br>Carnallit mit wenigen Halitbändern, spärlich Kieserit<br>3 Halitbänkchen mit carnall. Einlagerungen, in WL mit kieserit- u. halitarmem Carnallit (4/5 a–c)<br>bändrige WL v. Carnallit u. Halit, fast kieseritfrei | 75–150 | an der Hangendgrenze 1–2 cm starke Tonlage; verbreitet dicht darunter eine dünnbankige Steinsalzlage; im mittleren Drittel 3 dicht beieinander liegende, nur durch wenige dunkelgraue Anhydritstreifen getrennte Steinsalzbänkchen (4/5 a–c) |
| 4. LB | 30 | Anreicherung v. Halitbändern; Carnallit zurücktretend | 20–30 | durch ± unscharfen Anhydritstreifen in der Mitte geteilt; gelegentlich Sylvinit- bzw. Anhydritlagen eingeschaltet |
| ZM 3/4 | | | 100–170 | im unteren Drittel 1–2 dm starke Steinsalzbank mit sylvinitischer bzw. anhydritischer Verwachsung im oberen Teil (3/4 b); wenige cm über Basis meist ein weiteres Bänkchen (3/4 a) |
| 3. LB | | | 30–40 | anhydritische Einlagerung im oberen Teil |
| ZM 2/3 | | | 10–20 | (= „Doppellöser"-Horizont n. HARTWIG 1958) |
| 2. LB | | | 30–40 | |
| ZM 1/2 | | | 10–30 | |
| (1. LB) | | | 15–30 | (unterlagert v. „Dreifachlöser" n. HARTWIG) |

Nomenklatur (vgl. DÖHNER 1965 a und 1968): Streifen < 0,5 cm
Bänder: schmal 0,5–1 cm, breit 1–3 cm, sehr breit 3–5 cm

Bänke: dünn 5–10 cm, mittel 10–30 cm ...
Zahlenangaben in cm; „WL" = Abk. für Wechsellagerung

sich auch hier das anhand der Liegendgruppe (Tab.) ersichtliche Prinzip, daß Leithorizonte sowie relativ weitschichtige Zwischenmittelbereiche des Hartsalzes in stärkeren Halitlagen bzw. zonarer Anreicherung derselben im Carnallitit ihre Äquivalente finden.

Die Schichtenfolge der Hangendgruppe in Hartsalz- bzw. vertaubter Ausbildung zeigt folgenden Aufbau:

Hangendes:

Anhydritisch gebänderter Teil des Grauen Salztons

19. Leitbank (Vertaubung: 60 cm; Hartsalz: 75 cm)

Massige Steinsalzbank, durch ca. 6 hellgraue Anhydritstreifen unterteilt, die unteren bei Hartsalzausbildung in Sylvin übergehend; untere 5 bis 15 cm meist sehr stark anhydritisch bzw. sylvinitisch; oben sehr unscharf, unten scharf begrenzt

Zwischenmittel 18/19 (V.: 120 cm; 160 cm)
Wechsellagerung tonig-anhydritischer und vorwiegend chloridischer Einzelschichten; weitere Unterteilung vor allem nach der Mächtigkeit der letzteren[1]:
7 bis 20 cm streifig bis schmalbändrig;
55 bis 70 cm vorwiegend breitbändrig; hervorzuheben sind in etwa 1/3 Höhe zwei sehr breite, 1 bis 2 cm auseinanderliegende Halitbänder;
2 bis 5 cm Tonsteinlage (Tonlöser A n. Budzinski 1956);
10 cm breit- bis sehr breitbändrig, in Hartsalzausbildung sehr stark sylvinitisch;
45 bis 60 cm schmal- bis breitbändrig; hervorzuheben ist ein sehr breites Halitband etwa in halber Höhe.

18. Leitbank (8 bis 20 cm)

Sehr deutlich, unverwechselbar durch Dreiteilung: unteres Drittel Halit, mittlerer Teil zunehmend anhydritisch bzw. sylvinitisch durchstäubt, zuoberst ein meist sehr breites, hellgraues Anhydritband

Zwischenmittel 17/18 (40 bis 65 cm)
Wechsellagerung mit streifigen bis schmalbändrigen Halit- bzw. Sylvinitlagen, in 1/2 und 3/4 Höhe je ein dünnes, meist stark anhydritisches bzw. sylvinitisches Bänkchen (17/18a und 17/18b)

17. Leitbank (10 bis 25 cm)

Unverwechselbare Steinsalzbank, da stets durch eine grobstreifige bis schmalbändrige Anhydritlage halbiert; beide Hälften meist in ihren Oberteilen anhydritisch bzw. sylvinitisch durchsetzt

Zwischenmittel 16/17 (V.: 60 cm; H.: 85 cm)
Wechsellagerung mit streifigen bis schmalbändrigen, bei Hartsalzausbildung mehr oder weniger breitbändrigen Halit- bzw. Sylvinitlagen; etwa in 1/2 und 3/4 Höhe je eine dünne Steinsalzbank (16/17a und 16/17b), beide im oberen Teil und oft auch an der Untergrenze anhydritisch bzw. sylvinitisch durchsetzt

16. Leitbank (8 bis 19 cm)

Besonders in Hartsalzausbildung nicht sehr deutlich; charakteristisch ein markanter, grober, tonig-anhydritischer Streifen an der Basis sowie ein anhydritischer Streifen in 1/4 Höhe; gesamte Bank meist stärker anhydritisch, im Hartsalz sylvinitisch durchsetzt

Zwischenmittel 15/16 (V.: 165 cm; H.: 225 cm)
Wechsellagerung, weitere Unterteilung nach der Mächtigkeit der vorwiegend chloridischen Einzelschichten:
80 bis 130 cm vorherrschend schmal- und breitbändrig, im Hartsalz auch darüber, in den oberen 30 cm ein bis zwei dünne Halit- bzw. Sylvinitbänkchen,
30 bis 40 cm sehr breitbändrig bis dünnbankig in 5 dicht zusammen liegenden Einzelschichten (obere weitgeschichtete Zone),
5 cm streifig bis schmalbändrig,
50 cm breit- bis sehr breitbändrig in meist auffallend gleichmäßiger Folge, an der Basis meist eine etwas stärkere Lage

15. Leitbank (7 bis 13 cm)

Meist deutliche Steinsalzbank; charakteristisch ein markanter, meist scharfer, tonig-anhydritischer Streifen an der Obergrenze sowie ein anhydritisch-halitischer Streifen in 3/4 Höhe; besonders im oberen Bankdrittel, oft auch an der Basis stärker anhydritisch bzw. sylvinitisch durchsetzt

Zwischenmittel 14/15 (50 bis 80 cm)
Wechsellagerung mit schmal- bis breitbändrigen Halit- bzw. bis sehr breitbändrigen Sylvinitlagen; im unteren Drittel ein dünnes Bänkchen (14/15a), sehr charakteristisch durch einen anhydritischen Streifen etwas unterhalb der Bankmitte, im Hartsalz jedoch z. T. von Sylvin durchsetzt

14. Leitbank (8 bis 20 cm)

In 1/2 und 3/4 Höhe, z. T. auch über der Basis je ein breites, anhydritisch-halitisches bzw. sylvinitisches Band. In Verbindung mit der 13. Leitbank stets zu identifizieren

Zwischenmittel 13/14 (1 bis 7 cm)
Enge Wechsellagerung mit meist schmalbändrigen Halit- bzw. Sylvinitlagen, z. T. in ein markantes, breites, tonig-anhydritisches Band übergehend

13. Leitbank (9 bis 20 cm)

Sehr deutliche Steinsalzbank; im oberen Drittel anhydritisch bzw. sylvinitisch durchsetzt, mit welliger Begrenzung gegen den Liegendteil der Bank, darunter reiner Halit; sehr charakteristisch die Begrenzung der Bank durch engschichtige Lagen an Ober- und Unterkante (wurde von Stolle 1964 als 12. Leitbank bezeichnet)

Zwischenmittel 12/13 (60 bis 105 cm)
Wechsellagerung, weitere Untergliederung nach Mächtigkeit der vorwiegend chloridischen Lagen:
2 bis 5 cm grobstreifig bis schmalbändrig (wie Zwischenmittel 13/14),
44 bis 70 cm sehr breitbändrig; an der Basis eine zweigeteilte, im oberen Drittel zwei weitere dünne Halit- bzw. Sylvinitbänke (11/12a bis c) (mittlere weitgeschichtete Zone),
7 bis 20 cm schmal- bis breitbändrig

12. Leitbank (7 bis 18 cm)

Mit drei bis vier anhydritisch-halitischen bzw. sylvinitischen Bändern; charakteristisch die beiderseitige Begrenzung durch 1 bis 3 cm starke Bündel toniger Anhydritstreifen; im Hartsalz durch Sylvinführung oft undeutlich

Zwischenmittel 11/12 (V.: 145 cm; H.: 190 cm)
Wechsellagerung, weitere Untergliederung nach Mächtigkeit der vorwiegend chloridischen Lagen:
10 bis 15 cm schmal- bis breitbändrig,
20 bis 30 cm drei dünne Steinsalz- bzw. Sylvinitbänkchen (11/12a bis c) mit zentimeterstarken, engschichtigen Zwischenmitteln,
50 bis 80 cm vorwiegend breitbändrig,
45 bis 65 cm fünf sehr breitbändrige bis dünnbankige Steinsalz- bzw. Sylvinitlagen, jeweils eine bis mehrere anhydritisch-halitische bzw. sylvinitische Einlagerungen führend (untere weitgeschichtete Zone),
15 bis 25 cm breit- bis schmalbändrig

11. Leitbank (6 bis 19 cm)

Vor allem im mittleren Drittel, z. T. auch in der oberen Hälfte, stärker anhydritisch durchsetzt; im Hartsalz meist wegen beträchtlichen Sylvingehalts undeutlich; unten durch ein engschichtiges Bündel toniger Anhydritstreifen begrenzt

Zwischenmittel 10/11 (V.: 115 cm; H.: 125 cm)
Wechsellagerung mit meist breitbändrigen, vereinzelt sehr breitbändrigen Halit- bzw. Sylvinitlagen; zwei dünne Steinsalzbänke ca. 10 cm über der Mitte (10/11b) und ca. 10 cm über der Basis (10/11a), beide oft im oberen Teil anhydritisch bzw. sylvinitisch durchsetzt

[1]) Angaben zur Schichtungsdichte: s. Erläuterungen in der Tab.

Liegendes: 10. Leitbank

**3.2. Stratigraphischer Vergleich Südharz-: Unstrutgebiet**

Das mitgeteilte Normalprofil kann ohne Schwierigkeiten ins Unstrutrevier übertragen werden. Das im Hartsalz- und Vertaubungsgestein des Südharzgebietes durch die ganz spezifische Aufeinanderfolge tonig anhydritischer und mehr oder weniger chloridischer Lagen gegebene stratigraphische Gerüst ist z. T. bis auf Einzelheiten auch im Raum Roßleben entwickelt. Als genereller Unterschied sei lediglich vermerkt, daß anstelle der erstgenannten Schichtungselemente hier verbreitet dunkelgraue, mehr oder weniger tonig-polyhalitische Lagen auftreten, die in stärkerem Maße zum Zusammenfließen und damit zur Bildung stärkerer, mehr oder weniger kompakter Einzelschichten neigen. Das gilt vor allem für den oberen Teil der Hangendgruppe, der im Südharzgebiet (etwa ab 16. Leitbank) durch seine besonders enge Schichtung gekennzeichnet ist. Die Sicherheit der Ansprache wird dadurch jedoch nicht beeinflußt.

Somit ist es möglich, wohldefinierte Teilbereiche der Hangendgruppe zwischen Südharz- und Unstrutgebiet stratigraphisch sicher zu parallelisieren. In Verbindung mit den Ergebnissen Mötzings (1963) bieten sich damit zugleich Leitmarken für eine Korrelation mit dem subherzynen Verbreitungsgebiet des Staßfurtflözes. Abb. 1 zeigt das Ergebnis dieser Arbeiten.

Die scheinbar unerklärlichen Differenzen, die bei bisherigen Vergleichen stratigraphischer Profilaufnahmen aus beiden Gebieten auftraten, gehen fast ausschließlich auf die unterschiedliche Ansprache und Abgrenzung der Leitbänke zurück, entsprechend den in Abschnitt 2. gemachten Ausführungen. Diese wird besonders an den Horizonten 19. Leitbank/Bank 0 und 13. Leitbank/Einfache Lage deutlich. Doch auch die von Mötzing nicht besonders ausgehaltenen Leithorizonte 12 und 16 des Südharzprofils sowie zahlreiche der oben als Zwischenmittelbänke bezeichneten Schichten sind im Roßlebener Profil vorhanden. Andererseits lassen sich die Leitbänke M und N Mötzings ohne Schwierigkeiten im Zwischenmittel 18/19 des Südharzes identifizieren. Nur sind sie hier — in Fortentwicklung der bereits zwischen Subherzyn und Roßleben zu beobachtenden Tendenz — zu unbedeutenden Halitbändern verkümmert, die dem aufmerksamen Beobachter nur noch in vertaubten Profilen auffallen, im Hartsalzgefüge dagegen durch Sylvineinsprengungen meist entgehen. Geringfügige Abweichungen zwischen Südharz- und Unstrutrevier treten dagegen im untersten Teil der Hangendgruppe hervor. Besonders die Identifikation der 2. Ahlborn-Bank, von Mötzing (1963) bereits durch Einlagerung von drei oder mehr Kieseritbändern charakterisiert, gelingt im Südharz weniger vollkommen. Sie geht hier in einer ca. 45 bis 65 cm mächtigen Folge stärkerer Steinsalz- bzw. Sylvinitlagen unter, die jeweils durch tonig-anhydritische Streifen getrennt werden („untere weitgeschichtete Folge"). In gleichem Sinne läßt sich die Identität zwischen 1. Ahlborn-Bank und 11. Leitbank zwar unschwer feststellen, jedoch ist auch dieser Horizont im Südharz durch häufige Sylvinführung in seinem Leitwert eingeschränkt.

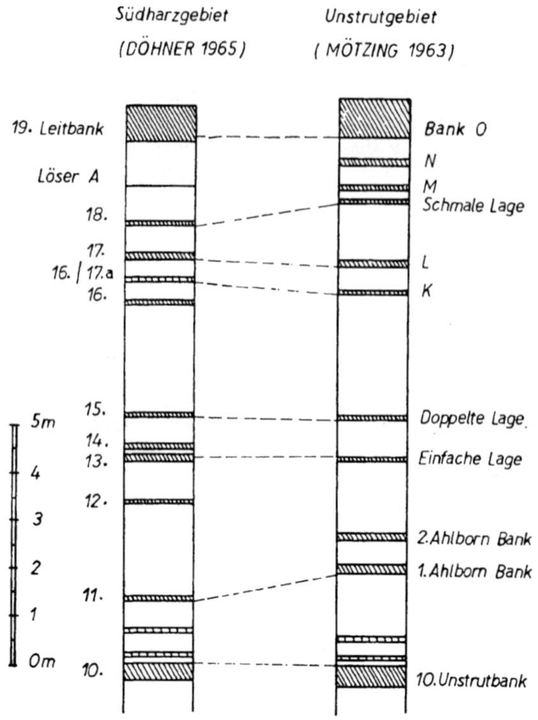


Abb. 1. Parallelisierung der Hangendgruppe des Staßfurtflözes zwischen Südharz- und Unstrutgebiet

## 4. Die Liegendgruppe des Staßfurtflözes

**4.1. Feinstratigraphisches Normalprofil im Südharzgebiet**

In Zusammenfassung zahlreicher feinstratigraphischer Arbeiten über die Liegendgruppe gab Stolle (1964) die letzte übersichtsmäßige Darstellung. Bei der bemerkenswerten Konstanz von Erscheinungsbild und Mächtigkeitsrelation der Schichtenfolge mußten z. T. enorme Mächtigkeitsschwankungen und ein abruptes Aussetzen wesentlicher Charakteristika in einigen Teilgebieten befremden. Die feinstratigraphische Überarbeitung der betroffenen Grubenfelder Bischofferode, Volkenroda und Pöthen ergab, daß Unstimmigkeiten in der Profilkorrelation zwischen einzelnen Südharzgruben die Ursache hierfür waren.

In Bischofferode (Abb. 2) hatte erstmals Schürer (1954) versucht, das von Baar (1944) aufgestellte Leitbankprofil mit den in anderen Südharzgruben bereits identifizierten Unstrut-Bänken zu korrelieren. Stolle (1964) übernahm die Ergebnisse mit geringen Abweichungen. Auffallen mußte daran, daß der im gesamten Südharz einschließlich des Ostfeldes Bischofferode als zentimeterstarke Tonlage ausgebildete Basislöser der 5. Leitbank im Westfeld der Grube zu einem völlig bedeutungslosen, tonig-sulfatischen Streifen verkümmert sein sollte. Umgekehrt sollte der sogenannte Hauptlöser, im Westfeld als 2 bis 4 cm starke Tonsteinlage ausgebildet, bereits im Ostfeld gleichfalls keinen Leitwert mehr besitzen. Die Neubearbeitung ergab, daß der „Hauptlöser" und der Basislöser der 5. Leitbank identisch sind. Die von Schürer als Bänke w, l und d in die Hangendgruppe gestellten, jedoch im übrigen Südharz angeblich nicht eindeutig auffindbaren

Horizonte entsprechen in Wirklichkeit den Leitbänken 9, 9/10 a und 10. Die Grenze Liegend-/Hangendgruppe rückt somit ca. 4,50 m höher, als von SCHÜRER und STOLLE angenommen. Damit wird zugleich die von letzterem erwähnte abnorm hohe Mächtigkeit der Hangendgruppe im Ostfeld Bischofferode hinfällig. Die ihr verbleibenden ca. 7,00 m entsprechen den Normalwerten des Südharzes.

In Volkenroda (Abb. 3) ist im Gegensatz zum übrigen Südharz das gesamte Kalilager durch das Auftreten mächtiger Steinsalzbänke gekennzeichnet. STOLLE (1964) sah deshalb hier eine durch Randnähe bedingte sedimentologische Sonderentwicklung, HARTWIG (1958) dagegen den Modellfall für die „Feinstratigraphie des Staßfurtlagers in der Thüringer Mulde". STOLLE (1964) unternahm erstmals den Versuch, die im wesentlichen von SCHÜTZE (1957) und GRUMBT & LÜTZNER (1960) erarbeitete Lokalgliederung mit dem übrigen Südharzgebiet zu parallelisieren. Er ging dabei von der Auffassung aus, daß auch hier ein Äquivalent der Flözhangendgruppe entwickelt sein müsse. Nach dem Bekanntwerden einer zechsteinzeitlichen, beckenrandwärts zunehmenden Flözablaugung und der Rolle des Deckanhydrits als deren Residualgestein (DÖHNER 1965, 1968) läßt sich jedoch belegen, daß das Volkenrodaer Flözprofil in allen Einzelheiten der Liegendgruppe anderer Südharzgruben entspricht. Die Hangendgruppe und oft auch die oberste Partie der Liegendgruppe werden hier durch den mächtigen Deckanhydrit vertreten.

Das von STOLLE (1964) angegebene Normalprofil vereinfacht und vereinheitlicht sich somit entscheidend.

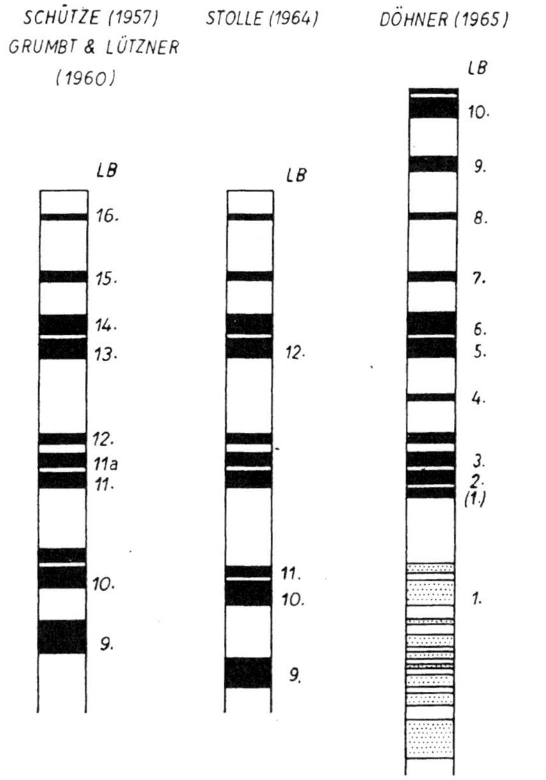


Abb. 3. Korrelation der verschiedenen Leitbankprofile des Flözhorizonts in den Grubenfeldern Volkenroda und Pöthen

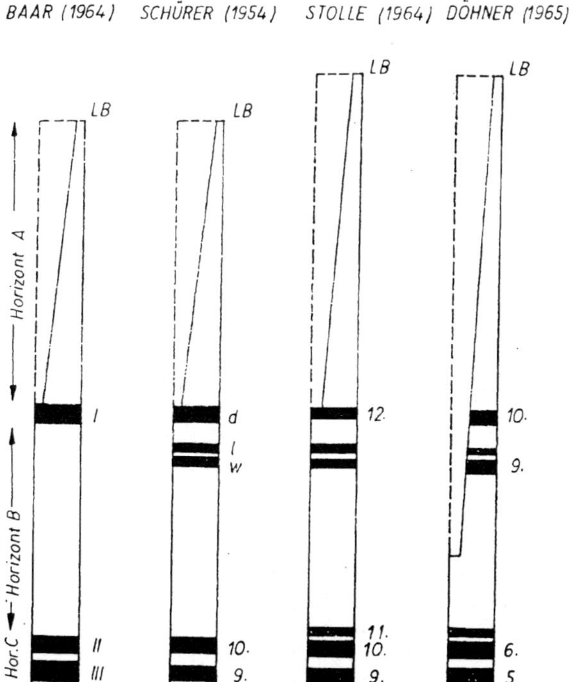


Abb. 2. Korrelation der verschiedenen Leitbankprofile des Flözhorizonts im Grubenfeld „Thomas Müntzer", Bischofferode
[lies: BAAR (1944)]

Soweit durch Grubenaufschlüsse zu belegen, ergibt sich bis in die rand- bzw. schwellennächsten Teile des zechsteinzeitlichen Südharzteilbeckens eine gleichmäßige Ausbildung der Schichtenfolge.

Die Zusammenstellung der wesentlichsten diagnostischen Merkmale findet sich in der Tabelle. Die Angaben für carnallitische Ausbildung beziehen sich vornehmlich auf Grubenaufschlüsse in Bischofferode und können daher nicht die gleiche Repräsentanz wie die besser bekannte Hartsalz- bzw. Vertaubungsausbildung beanspruchen. Trotz ihrer Beschränkung im wesentlichen auf Schichtungsdichte und relative Anteile der Hauptkomponenten wird erkennbar, daß sich nicht nur die Leitbänke und ihre charakteristischen Einlagerungen, sondern auch die Spezifika der Zwischenmittel in beiden Ausbildungen widerspiegeln.

#### 4.2. Die Parallelisierung der Liegendgruppe zwischen Südharz- und Unstrutrevier

Nach der von TINNES (1928) gegebenen Definition reicht die Liegendgruppe als stratigraphische Einheit von der Basis der 1. bis zur Hangendgrenze der 10. Leitbank. Durch den Ausfall mächtiger Steinsalzbänke — mit Ausnahme der 19. Leitbank — in der durchweg engschichtigen Hangendgruppe ist nach oben eine „natürliche" Abgrenzung gegeben. Dagegen fehlt ein entsprechender, eindeutiger Hiatus an der Basis der Liegendgruppe.

Bereits SEIDEL (1961, 1964) unterschied im Na 2 des Südharzes einen oberen, „gebänderten" Teil von dem größtenteils „ungebänderten" Gesteinskomplex. Als Übergangskriterium in das Staßfurtflöz galten verbreitet das Einsetzen gelber und rötlicher Farbtöne des Halits, die hangendwärts zunehmende Trennschärfe der Schichtungselemente und schließlich das immer deutlichere Auftreten reiner Halitbänke. Aber während in weiten Teilen der Grubenaufschlüsse die 1. Leitbank tatsächlich die unterste, deutlich auszugliedernde Steinsalzbank darstellt, wurden mit Fortschreiten der Erkundungstätigkeit zahlreiche Abweichungen hiervon bekannt, indem Bankung und Rotfärbung z. T. noch wesentlich tiefer reichen. Schienen sie sich zunächst auf rand- und schwellennahe Teile des Südharzgebietes zu beschränken (GRUMBT & LÜTZNER 1960; DÖHNER 1968), so konnte auf Grund neuerer Aufschlüsse von ZÄNKER (1967) nachgewiesen werden, „daß sich die obersten 25—30 m des Staßfurtsteinsalzes in gleicher Weise wie das Kalilager gliedern lassen". Das gilt in erster Linie für jene Bereiche, in denen das überlagernde Staßfurtflöz von aszendenten Umbildungslösungen unbeeinflußt und als Carnallitit erhalten geblieben ist. Dagegen verliert diese normalerweise rötlichgefärbte Schichtenfolge unter Lagerstättenteilen mit ausgedehnter aszendenter Überprägung sowohl Färbung als auch weitgehend ihren schichtigen Charakter. Es ist als aufschlußbedingt bzw. als Folge der vorwiegend in Umbildungsbereichen betriebenen Hartsalzerkundung anzusehen, daß seit AHLBORN (1936a und b) und früher dieser Ausbildungstyp als das für den Südharz typische Liegende des Kalilagers galt.

Das Problem der Parallelisierung der Liegendgruppe zwischen Südharz- und Unstrutgebiet konzentriert sich deshalb vor allem auf deren untere Begrenzung. In der Tat sind Zweifel an der bisher vielfach vorausgesetzten Identität der untersten „Südharzleitbänke" mit den entsprechend bezifferten Unstrutbänken aus verschiedenen Gründen berechtigt. Vor allem stehen die von TINNES im Unstrut- und Kyffhäusergebiet gemessenen Mächtigkeiten der Zwischenmittel 1/2 und 1/3 von 0,60 bis 0,75 m und 1,15 bzw. 1,50 m in krassem Gegensatz zum Südharzgebiet (beide im Mittel 0,10—0,30), zudem liegt das Mächtigkeitsverhältnis hier meist nahe 1:1 oder noch stärker zugunsten des Mittels 1/2 verschoben. Zum anderen wird die von TINNES für das Kyffhäusergebiet angegebene und für den Südharz ausdrücklich bestätigte Mächtigkeit der Liegendgruppe von 16 m von dem Bereich 1.—10. Südharzleitbank ziemlich regelmäßig um ca. 3—5 m unterschritten, größtenteils auf Kosten des Bereiches unterhalb der 5. Leitbank.

Überraschenderweise ist die untere Begrenzung der Liegendgruppe auch im Unstrutgebiet keineswegs stratigraphisch eindeutig, wie die detaillierten Untersuchungen von REICHENBACH (1957) ergeben haben. Danach stellt die 3. Unstrutbank infolge ihrer beträchtlichen Mächtigkeit (0,70—1,00 m) den untersten einwandfrei zu identifizierenden Horizont dar. In der unterlagernden Wechselfolge 0,30 bis 0,70 m mächtiger Steinsalzbänke und kieseritisch-halitischer Partien ist nach REICHENBACH eine unmittelbare und eindeutige Ansprache der untersten Unstrutbänke nicht möglich: „In der Praxis geschieht die Festlegung der 1. und 2.

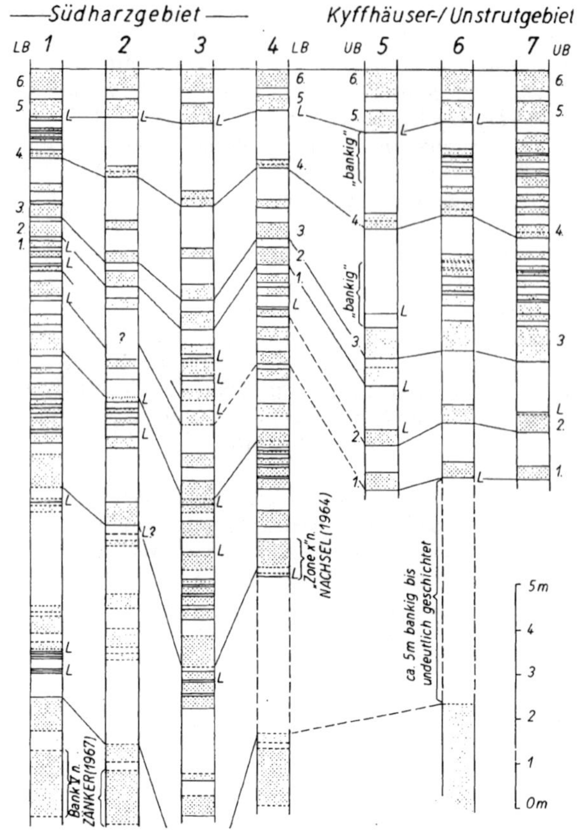


Abb. 4. Parallelisierung der unteren Liegendgruppe zwischen Südharz-, Kyffhäuser- und Unstrut-Kalirevier

Profile: 1 — Volkenroda—Pöthen, 2 — Sollstedt, 3 — Bleicheroda (nach ZÄNKER 1967), 4 — Sondershausen, — 5 Kyffhäusergebiet (nach TINNES 1928), 6 — Roßleben (nach REICHENBACH 1957), 7 — Wangen

Bank so, daß man die 3. Bank sucht und dann unterhalb dieser nach den von TINNES angegebenen durchschnittlichen Mächtigkeiten Bänke zu erkennen versucht." Eine scharfe Grenze zwischen Übergangsschichten und Liegendgruppe existiert nicht, was den stratigraphischen Leitwert der Unstrutbänke 1 und 2 in Frage stellt. Zusammen mit der weiteren Feststellung, daß in diesem Bereich häufig Schwierigkeiten bei der horizontalen Verfolgung der Einzelschichten auftreten, lassen sich wesentliche Merkmale der aus dem Südharz beschriebenen Verhältnisse in diesem Profilabschnitt wiedererkennen.

Abb. 4 zeigt eine Zusammenstellung von Sammelprofilen dieses fraglichen Bereiches aus dem Südharz-, Kyffhäuser- und Unstrutgebiet. Sie basiert auf der durch die Parallelisierung der Hangendgruppe weitergefestigten Identität der 9. und 10. Südharz- und Unstrutbank sowie auf der zu folgernden Gleichsetzung der Bänke 5 und 6 beider Reviere. Für die zwischen beiden Bankpaaren liegenden Leithorizonte kann die von STOLLE (1964) vollzogene Parallelisierung der Bänke 6/7a und 7 des Südharzes mit der 7. und 8. Unstrutbank bekräftigt werden.

Wesentlicher für unsere Problematik ist jedoch der tiefere Flözteil (Abb. 4). Das Profil Nr. 5 ist nach TINNES repräsentativ für die Gruben Göllingen („Günthershall") und Hachelbich („Glückauf III"). Für letztere kann

Verf. jedoch aus eigener Anschauung eine weitestgehende Übereinstimmung der Schichtenfolge und Mächtigkeitsrelationen mit dem Normalprofil des Südharzes bestätigen. Es fehlt eine 80 cm mächtige Steinsalzbank, die der 3. Unstrutbank TINNES entsprechen könnte; dafür treten die je etwa 40 cm starken Südharzleitbänke 2 und 3 auf. Die Erklärung folgt daraus, daß nach TINNES im oberen Teil des Zwischenmittels 2/3 eine Folge schwärzlicher, anhydritischer Steinsalzschichten „zu einer besonders mächtigen, rötlichgelben Lage überleiten", die einen anhydritisch-tonigen Basislöser besitzt und von dünner gebankten Schichten unterlagert wird. Diese „besonders mächtige Lage" entspricht offensichtlich der 2. Südharzleitbank, die von TINNES im Interesse der Übereinstimmung mit dem Unstrutgebiet nicht als gleichwertig betrachtet wurde. Die Gleichsetzung von 3. Südharz- und Unstrutbank erfolgt danach zu Recht, dies wird auch durch die Anhydrit- bzw. Langbeiniteinlagerung im oberen Teil beider erhärtet.

Demgegenüber besteht zwischen den beiden untersten Südharz- bzw. Unstrutbänken keine Identität. Ihre zweifelsfreie Parallelisierung ist in Anbetracht obengenannter Verhältnisse nicht möglich. Die in Abb. 4 enthaltene Darstellung kann lediglich einen gewissen Wahrscheinlichkeitswert beanspruchen. Zugleich zeigt sich, daß die von TINNES auf das Südharzrevier ausgedehnte Durchschnittsmächtigkeit der Liegendgruppe von 16 m hier nicht zutrifft. Bei durchschnittlich 5 m oberhalb der 6. Südharzleitbank beträgt die Mächtigkeit des vergleichbaren Profilabschnitts (Basis 3. bis Hangendgrenze 10. Leitbank) ca. 8—10 m gegenüber ca. 13 m im Unstrut- und Kyffhäuserrevier.

Für stratigraphische Parallelisierungen über den Rahmen des Südharzreviers hinaus ergeben sich weitere Anhaltspunkte im oberen Teil der Übergangsschichten. Hier beschreibt HERFORTH (1958) in Roßleben eine 3 bis 4 m mächtige, schichtungslose Steinsalzzone, die ca. 5 bis 7 m unter der 1. Unstrutbank (= ca. 10 m unter der 3. Unstrutbank) auftritt. Trotz hier nicht zu erbringender Abgrenzung im Detail liegt ihre Identität mit der von ZÄNKER (1967) als V. bezifferten Steinsalzbank (Abb. 4) nahe. Zusammen mit einer sehr unscharf abgegrenzten hangenden Begleitbank bildet diese im Südharzgebiet einen über 2 m mächtigen, schichtungsarmen bis -freien Komplex ca. 11 bis 12 m unter der 3. Südharzleitbank. Eine 2 bis 2,5 m mächtige, reine Steinsalzschicht ist nach freundlicher Mitteilung von Herrn Dipl.-Min. ELERT, Sondershausen, etwa 2—3 m unterhalb der Bank A ROZSAS auch im Subherzyn entwickelt und könnte obengenanntem Horizont entsprechen.

## Zusammenfassung

1. Die feinstratigraphische Parallelisierung des Staßfurtflözes zwischen Südharz- und Unstrutrevier ist oberhalb der 3. Leitbank einwandfrei durchführbar. Sedimentologische Sonderentwicklungen im Sinne völlig abweichender Bank-Zwischenmittel-Folgen existieren nicht. Lediglich gewisse Schwankungen der durchschnittlichen Mächtigkeiten, wie sie sich auf Abb. 4 zwischen Volkenroda, Bleicherode, Sondershausen und Roßleben in der unteren Liegendgruppe andeuten, könnten die paläogeographische Situation des Zechsteinbeckens widerspiegeln, zumal sie mit gleichsinnigen Veränderungen der Na2-Mächtigkeit korrespondieren.

2. In der unterlagernden Schichtenfolge treten bereits innerhalb des Unstrutgebietes auf geringe Erstreckung z. T. erhebliche Unterschiede auf. Auch im Südharz sind gewisse Veränderungen der Bankzwischenmittelfolge erkennbar, insbesondere im Raum Sondershausen (vgl. Abb. 4).

3. Zwischen Südharz- und Unstrutgebiet zeigt sich von unten nach oben eine zunehmende Gleichheit der Ausbildung, z. T. auch der Normalmächtigkeit von Bänken und Zwischenmitteln. Im Gegensatz besonders zur unteren Liegendgruppe bestehen im stratigraphischen Sinne etwa ab 12. Südharz-Leitbank keinerlei Abweichungen mehr. Zusammen mit der wachsenden Engständigkeit der Schichtung, der abnehmenden Neigung zur Bildung mächtiger Steinsalzbänke und dem Ansteigen der K-Mineralisation dokumentiert sich darin die für beide Reviere einheitliche Annäherung an das Höchststadium der salinaren Entwicklung. Der mächtige Steinsalzhorizont 19. Leitbank/Bank 0 unterbricht diese Entwicklung und stellt im Untersuchungsgebiet zugleich den obersten Horizont der ungestörten stratigraphischen Schichtenfolge des Staßfurtflözes dar.

4. Eine Gegenüberstellung des Südharzer Normalprofils in carnallitischer und Hartsalz- bzw. vertaubter Ausbildung liefert Anhaltspunkte über den Mächtigkeitsverlust des Flözes im Laufe der lösungsmetamorphen Umbildung. Er beträgt für die Leitbänke der Liegendgruppe ca. 30%, für die entsprechenden Zwischenmittel 60%, im Gesamtdurchschnitt der Liegendgruppe ca. 50%.

## Резюме

1. Можно провести достаточно безупречную детальную стратиграфическую параллелизацию Стасфуртского пласта между районами Южного Гарца и Унструта выше третьего маркирующего горизонта. Специфические осадочные образования в смысле полностью отличающихся серий горизонтов и пропластков не существуют. Встречаются лишь некоторые колебания средних мощностей в нижней лежачей группе, как это отчасти видно из рис. 4, между Фолькенрода, Блейхерода, Зондерсхаузен и Рослебен, которые, вероятно, отражают палеогеографическую ситуацию цехштейнового бассейна, тем более, что эти колебания соответствуют изменениям мощности $Na_2$.

2. В подстилающей толще встречались частично уже на небольшом расстоянии внутри района Унструта значительные различия. В Южном Гарце также установлены определенные изменения серии горизонтов и пропластков, особенно в районе Зондерсхаузена.

3. Между районами Южного Гарца и Унструта увеличивается снизу вверх однородность горизонтов и пропластков. В отличие, в частности, от нижней лежачей группы, примерно с 12-го маркирующего горизонта Южного Гарца никаких отклонений в стратиграфическом смысле уже нет. В возрастающей тонкости слоистости, в уменьшении склонности к образованию мощных слоев каменной соли, а также в повышении K-минерализации сказывается одновременно для обоих районов совместное приближение к наиболее высокой стадии салинарного развития. Мощный горизонт каменной соли 19-го маркирующего горизонта — горизонт 0 — прерывает это развитие и является одновременно в районе исследования самым верхним горизонтом стратиграфически нарушенной серии Стастфуртского пласта.

4. Сопоставление нормального разреза района Южного Гарца с карналлитовым образованием и образованием гартзальца или же обедневшего вида дает возможность судить о потере мощности пласта при метаморфическом преобразовании под влиянием растворов. Эта потеря составляет для маркирующих горизонтов лежачей группы около 30%, для соответствующих пропластков 60% и в среднем для всей лежачей группы около 50%.

## Summary

1. A refined stratigraphical correlation of the Stassfurt seam between the districts of the Southern Harz and the Unstrut does not meet with difficulties above the third key layer, special sedimentological developments in the sense of completely different successions of layer and intercalation being absent. There are only certain variations of average thicknesses, as they are indicated in Fig. 4 between Volkenroda, Bleicherode, Sondershausen and Rossleben in the lower floor group, which could reflect the palaeogeographical situation of the Zechstein (Upper Permian) basin, all the more since they correspond with equidirectional changes of the $Na_2$ thickness.

2. In the underlying series of beds partly considerable differences were already found at a small distance within the Unstrut area. In the Southern Harz, too, certain changes of the succession of layer and intercalation can be recognized, in particular in the area of Sondershausen.

3. Between the areas of the Southern Harz and the Unstrut an increasing equality of development can be found in an upward direction, and in part also of the normal thickness of layers and intercalations. Contrary, in particular, to the lower group of floors differences in a stratigraphical sense are no longer found about from the twelfth key layer. This demonstrates, together with a growing narrowness of bedding, a decreasing trend toward the formation of thick rock-salt layers, and an increased K mineralization, that a uniform approach to the maximum stage of saliniferous development took place in both districts. This development is interrupted by the thick rock-salt horizon of the 19th key layer—layer 0 which in the ar ea ofinvestigation simultaneously represents the uppermost horizon of the undisturbed stratigraphical series of beds of the Stassfurt seam.

4. From a comparison of the standard section of the Southern Harz in a carnallitic and hard-salt as well as in an impoverished development, respectively, suggestions can be obtained as to a loss of thickness by the seam during the solution-metamorphic reshaping. It is about 30 per cent for the key layers of the group of floors, 60 per cent for the corresponding intercalations, and about 50 per cent on a total average of the group of floors.

## Literatur

AHLBORN, O.: Der geologische Bau der von-Velsen-Schächte. — Unveröff. Gutachten, Werksakten, Bleicherode 1936 [1936 a].
— Der geologische Bau der Schachtanlage Craja (Kaliwerke Sollstedt). — Unveröff. Gutachten, Werksakten, Sollstedt 1936 [1936 b].
BAAR, A.: Entstehung und Gesetzmäßigkeiten der Fazieswechsel im älteren Kalilager am westlichen Südharz unter besonderer Berücksichtigung des Kaliwerkes Bismarkshall. — Diss. techn. Hochsch. Berlin 1944.
BUDZINSKI, H.: Mineralogisch-petrographische Untersuchungen des Grubenfeldes des Kaliwerkes Bleicherode. — Unveröff. Dipl.-Arb. Miner. Inst. Univ. Jena 1956.
DÖHNER, CH.: Ausbildung und Genese des Steinsalzbesteges des Staßfurtflözes im Südharzgebiet und seine Bedeutung für die geologische Erkundung. — Unveröff. Abschlußber., Kali-Forsch.-Inst. Sondershausen 1965.
— Der Grenzbereich zwischen Staßfurtflöz und Grauem Salzton im Südharz-Kalirevier und seine genetische Deutung. — Unveröff. Diss. Bergakad. Freiberg (Sa.) 1968.
GRUMBT, E., & H. LÜTZNER: Zur Leitbankgliederung des Staßfurt-Steinsalzes und Kalilagers der Schachtanlagen Volkenroda—Pöthen (Thüringen). — Z. angew. Geol., 6, 197—203, Berlin 1960.
HARTWIG, G.: Stratigraphie der Grenze Zechsteinfolge III gegen IV. — Kali, 35, 23—26 (1941).
— Zur Feinstratigraphie des Staßfurtlagers in der Thüringer Mulde. — Kali und Steinsalz, 2, 206—210 (1958).
HERFORTH, E.: Mineralogisch-petrographische Untersuchungen der Schachtanlage Roßleben I/II des VEB Kaliwerk Roßleben. — Unveröff. Dipl.-Arb. Miner. Inst. Univ. Jena 1958.
KATZER, H.: Mineralogisch-petrographische Untersuchungen im Grubenfeld von Kleinbodungen (Althans-Schächte). — Unveröff. Dipl.-Arb. Miner. Inst. Univ. Jena 1957.
MIDDENDORF, E.: Die Ältere Salzfolge des Zechsteins zwischen Staßfurt und Hildesheim. — Arch. Lagerstättenforsch., H. 48 (1930).
MÖTZING, R.: Neue Ergebnisse bei der Parallelisierung der Steinsalzleitbänke des Unstrutkaligebietes mit denen des Nordharzkaligebietes. — Bergakademie, 11, 759—763 (1963).
NACHSEL, G.: Zur Faziesdifferenzierung im Staßfurt-Steinsalz im Gebiet Sondershausen. — Ber. geol. Ges. DDR, 9, 667—678, Berlin 1964.
REICHENBACH, W.: Die geologischen, tektonischen und faziellen Verhältnisse auf dem Kaliwerk Roßleben. — Unveröff. Dipl.-Arb. geol. Inst. Freiberg 1957.
ROZSA, M.: Daten zur Kenntnis des organischen Aufbaus der Staßfurter Salzablagerungen. — Kali, 7, S. 143 u. S. 242 (1913).
— Zusammenfassende Übersicht der Gliederungsverhältnisse und Umwandlungsvorgänge im älteren Zechsteinkalisalzlager. — Centralbl. Miner. (1918).
SCHÜRER, R.: Die Steinsalzleitbänke des Kalilagers Staßfurt im Kaliwerk „Thomas Müntzer", Bischofferode. — Unveröff. Meldearb. geol. Inst. Bergakad. Freiberg 1954.
SCHÜTZE, R.: Mineralogisch-petrologische Untersuchung der Kaligrube Pöthen. — Unveröff. Dipl.-Arb. Miner. Inst. Univ. Jena 1957.
SEIDEL, G.: Zur Stratigraphie des Zechsteins und Buntsandsteins im Südharzkalirevier (Thüringer Becken). — Geologie, 10, 952—972, Berlin 1961.
— Aufbau und Eignung der Steinsalzlagerstätten des Thüringer Beckens. — Z. angew. Geol., 10, 182—189, Berlin 1964.
STOLLE, E.: Leitbankgliederung des Kaliflözes Staßfurt unter besonderer Berücksichtigung des Südharzgebietes. — Ber. geol. Ges. DDR, 8, 427—430, Berlin 1963.
— Zur stratigraphischen Gliederung des Kalisalzflözes Staßfurt im Südharzgebiet. — Abh. dt. Akad. Wiss. Berlin, Kl. Bergbau, Hüttenwesen Montangeol., Nr. 2, 147—161 (1964).
STORCK, U.: Das Kalilager in den Grubenfeldern „Bernburger Kaliwerke" und „Gröna" und seine Beziehungen zu den übrigen Ablagerungsgebieten der Staßfurt-Region. — Arch. Lagerstättenforsch., H. 65 (1937).
TINNES, A.: Die Ältere Salzfolge Mitteldeutschlands unter besonderer Berücksichtigung des Unstrutgebietes. — Arch. Lagerstättenforsch., H. 38 (1928).
ZÄNKER, G.: Grubenbefahrung mit anschließender Auswertung zu Fragen der feinstratigraphischen Gliederung des Staßfurtsteinsalzes im VEB Kaliwerk „Karl Liebknecht", Bleicherode, am 4. 12. 1967. — Unveröff. Protokoll, Werksakten Bleicherode 1967 (Veröff. in Vorbereitung).

# Lithostratigraphie und Lagerungsverhältnisse des Tertiärs und Pleistozäns am Nordrand des mittleren Geiseltales

GÜNTER KRUMBIEGEL, Halle (Saale), VOLKMAR KÖCKE & WOLFGANG SCHMIDT, Berlin[1])

## 1. Einleitung

Von den Braunkohlenlagerstätten westlich der Saale weist keine Lagerstätte einen so hohen geologischen Erkundungsgrad auf wie die z. T. übererkundete Braunkohlenlagerstätte des Geiseltales (Typ „Salzauslaugung" und „epirogenetischer Typ"). Eine mehrere hundert Titel zählende Literatur bestätigt diese Tatsache und läßt die Vielseitigkeit der geologischen Problematik der dort anstehenden eozänen Braunkohlen und ihrer Begleitschichten für die geologischen Wissenschaften im allgemeinen in Vergangenheit und Gegenwart und für die Praxis des dortigen Braunkohlenbergbaus der Gegenwart und Zukunft erkennen.

Die derzeitigen Baufelder der Geiseltallagerstätte stehen kurz vor dem Abschluß der Auskohlung. Bauwürdige Vorräte von etwa 220 · $10^6$ Tonnen (1968) finden sich nur noch in den nördlichen, südlichen und westlichen Randgebieten des Vorkommens (vgl. KRUMBIEGEL & SCHMIDT 1968, S. 50, Abb. 4; WEGEWITZ 1968, Anlage, Karte 2).

Mit dem Fortgang des Aufschlusses in den Randfeldern am Ausbiß der Lagerstätte war es vor allem in den letzten Jahren das Problem der geologischen und bergbaulichen Flözparallelisierung, das bei der Erkundung der Restfelder zur Diskussion stand und das besonders bei der Projektierung des Baufeldes Neumark-Nord infolge der komplizierten geologischen Lagerungsverhältnisse eine große Rolle spielte und bei der Erschließung spielen wird.

Daneben galt und gilt es Fragen der schwierigen hydrogeologischen und ingenieurgeologischen Verhältnisse in den prätertiären, tertiären und pleistozänen Horizonten zu klären. Außerdem standen kohlengeologische Untersuchun-

Eingang des Manuskripts in der Redaktion: 11. 8. 1969.

[1]) Autorenkollektiv des VEB Wärmeanlagenbau Berlin, ehem. PKB „Kohle", Abteilungen P 5 und P 8, und des Geiseltalmuseums der Martin Luther-Universität Halle—Wittenberg, Halle (Saale).

gen (Kohlenqualitätsuntersuchungen) im Vordergrund, die für die Einstufung der in den Restfeldern zu erwartenden Vorräte in Vorratsgruppen und -klassen sowie für die Verwendung der Kohle von außerordentlicher Wichtigkeit sind.

Im mittleren Geiseltal und hier im Bereich der Neumark-Hauptschwelle und des Neumark-„Kessels" mit seinem West- und Ostteil ergaben sich im Zusammenhang mit der Klärung der obengenannten Problematik auch viele interessante und neue grundlegende Erkenntnisse über den geologischen Aufbau des Tertiärs und Pleistozäns am Geiseltalnordrand. Einige dieser neugewonnenen geologischen und lagerstättenkundlichen Untersuchungsergebnisse werden nachfolgend bekanntgemacht.

## 2. Geologische Schichtenfolge im mittleren Geiseltal (Stand 1969)

Einen zusammenfassenden Überblick über den derzeitigen Stand der regionalgeologischen und z. T. über die lokalen Verhältnisse in der Geiseltallagerstätte gaben KRUMBIEGEL & SCHMIDT (1966, 1968). Dort findet sich auch die Literatur über das Geiseltal von 1945 bis 1967 zitiert. Nachfolgend werden ergänzend die aus den Erkundungsergebnissen resultierenden Veränderungen und die neuen Erkenntnisse über das Untersuchungsgebiet beschrieben.

Das am Nordrand des Geiseltaltertiärs gelegene Restfeld Neumark-Nord wurde erstmalig von LINCKE (1964) eingehender geologisch-stratigraphisch untersucht, der sich 1967 nochmals mit betriebsgeologischen Fragen in diesem Raum beschäftigte (LINCKE 1967). Auf die hydrogeologische und ingenieurgeologische Bedeutung der Störungsgebiete in den Randbereichen des Geiseltales (Nord- und Südrand) wiesen HOHL (1964), LINCKE (1964, 1967), DIETRICH (1967), KRUMBIEGEL, LINCKE & BOY (1967), ULBRICH (1968) und ein Autorenkollektiv (1969) hin.

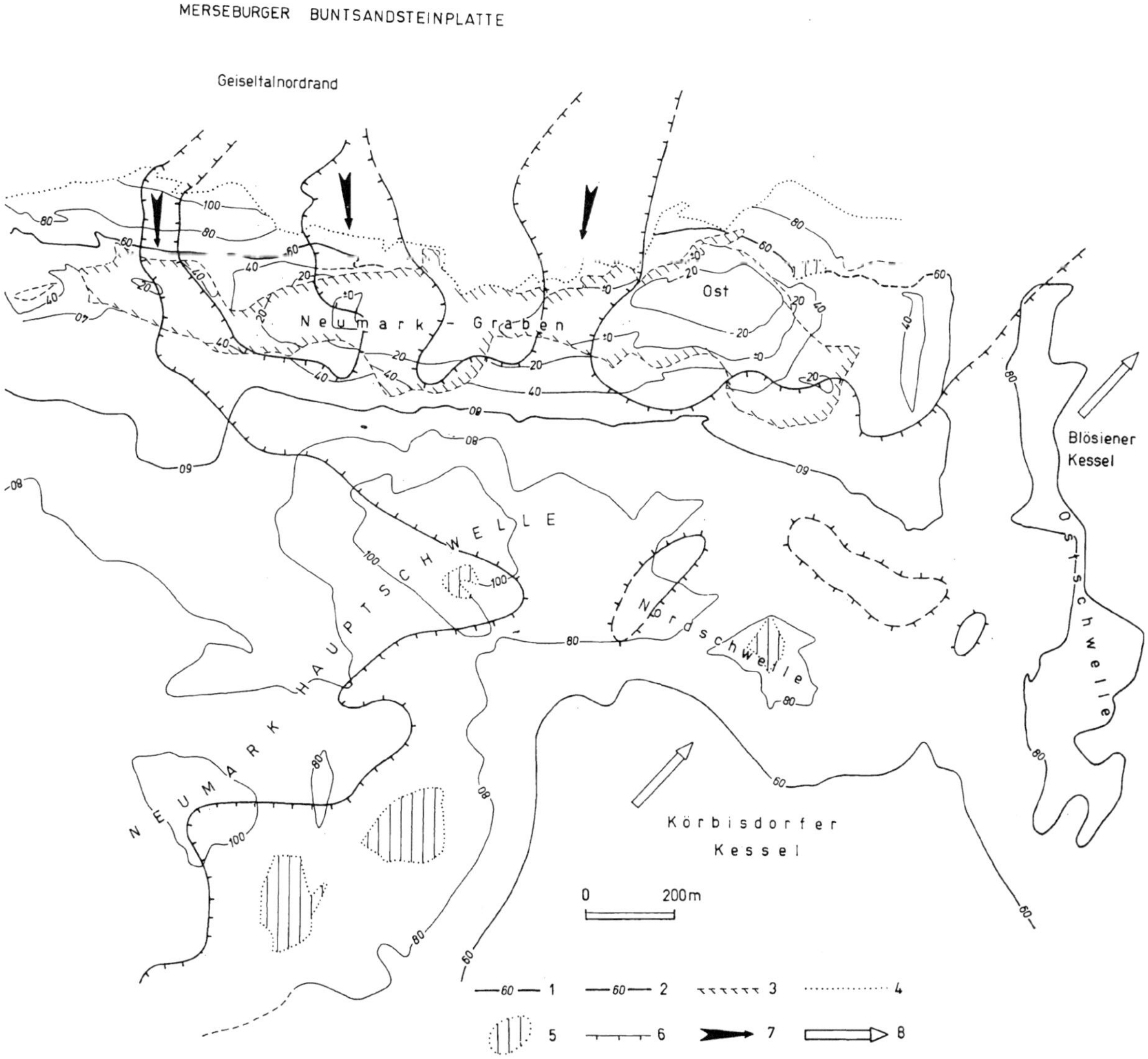


Abb. 1. Geologische Strukturkarte für das Braunkohlenfeld Neumark-Nord

1 – Isohypsen des Flözliegenden, 2 – Trennlinien der geologischen Einheiten des Geiseltales, 3 – Verbreitungsgebiet der Liegendflöze (Flözbänke $x_1 - x_4$) im Neumark-„Kessel" bzw. -Graben, 4 – Bauwürdigkeitsgrenze: 2-m-Isopache, 5 – flözfreie Flächen, 6 – Verbreitungsgrenze der mittelpleistozänen Körbisdorfer Schotter ($dg_u$), westliche Uferlinie, 7 – Schüttungsrichtung bzw. Fließrichtung im Neumark-„Delta", 8 – Fließrichtung der mittelpleistozänen Unstrut

Tab. Lithostratigraphisches Schema (Idealprofil) für das Braunkohlenfeld Neumark-Nord (Entwurf: LINCKE 1967/1968, Überarbeitung: KÖCKE, KRUMBIEGEL & SCHMIDT 1969)

Abkürzungen:

T – Trias
PG – Paläogen
Q – Quartär
P – Pleistozän
H, h – Holozän
smS – Solling-Folge
smH – Hardegsen-Folge
so – Röt

W – Warmzeit
K – Kaltzeit
E – Elster
S – Saale
W – Weichsel
Ho – Holstein
Ee – Eem
u – untere

m – mittlere
o – obere
tÜZ – Übergangszone
Z – Zwischenmittel
~ – Diskordanzen
OK, MK, UK u. a., vgl. KRUMBIEGEL & SCHMIDT (1968)

| Geologische Gliederung: System | Geologische Gliederung: Abteilung bzw. Stufe | Lokalstratigraphie | Kurzzeichen nach SCHULZ (1961), KRUMBIEGEL & SCHMIDT (1968), RADZINSKI (1967) | Pollenzonen nach KRUTZSCH (1967) für Bohrung 3943/66 Pg-Zone (Paläogen-Zone) | lithologische Beschreibung der Schichtenfolge | Mächtigkeiten in Metern |
|---|---|---|---|---|---|---|
| QUARTÄR | Holozän | $Q_h$ | H | | Auffülle, Kippe<br>Mutterboden (degradierte Schwarzerde) | |
| | Pleistozän | | W – $K_{\delta l}$ | | Löß, z. T. Lößlehm und Lößkindel; Lehm, sandig | bis 5 m, max. 7 m |
| | | $Q_p$ | Ee – W | | Schichtlücke | |
| | | | S – K<br>$dm_1$<br>$dt_b$<br>$dg_u$ | | Geschiebemergel des 1. Vorstoßes, z. T. mit Geschieben<br>Kriechauer Bänderton, gelbbraun-graubraun<br>*Körbisdorfer Schotter*, gelbgrau-gelbbraun, ± kalkhaltig; Feuersteine, Quarze-Paläozoikum (bzw. Sandsteine des T 1.2) = oberster Teil der Körbisdorfer Terrasse (bzw. Terrasse des Nebenflusses aus dem Norden), 2 m unter Oberkante lokal Bänderschluff- und Sandeinlagerungen | 2–9 m, max. 13 m<br>bis 0,2 m, max. 1,6 m<br>bis 4 m |
| | | | $dm_b$<br>$dg_u$ | | Basalgrundmoräne<br>*Körbisdorfer Schotter*, grau-hellgrau, kalkhaltig; Feuersteine, Muschelkalkgerölle = oberer Teil der Körbisdorfer Terrasse | bis 3 m<br>bis 5 m |
| | | | Ho – W | | Schichtlücke | |
| | | | E – K<br>?? $\delta$m | | ? Geschiebemergel – eventl. in drei Bohrungen in einer lokalen Fläche als elsterkaltzeitlicher Block vorhanden | bis 7 m |
| TERTIÄR | unteres Obereozän | PG2o | HgT | höheres Eozän, „Zeitzer Bild" (17/18) (Lücke) | Kiessande und Kiese, z. T. Tone und Schluffe sowie eingelagerte oder lokal umgelagerte Kohlelagen | nur lokal vorhanden |
| | Mitteleozän | PG2m | δOK | Mittleres Eozän (Geiseltal-Bild) | oberste Oberkohle (Flözbank IV)<br>nur im Neumark-Ost-Graben verbreitet. Die Bänke III und IV treten im südwestlichen Feldesteil vereinigt auf | Geiseltalflöz (OK, MK u. UK) auf der Neumark-Hauptschwelle und am Nordrand an fünf lokalen Stellen fehlend |
| | | | oOK | 15 D | obere Oberkohle (Flözbank IIIo) | |
| | | | uOK | | untere Oberkohle (Flözbank IIIu) | |
| | | | OHM | | Oberes Hauptmittel | |
| | | | oMK | 15 C | obere Mittelkohle (Flözbank IIo) | |
| | | | MKM | | Mittelkohlenmittel | |
| | | | uMK | 15 B | untere Mittelkohle (Flözbank IIu) | |
| | | | UHM | | Unteres Hauptmittel | |
| | | | oUK | 15 A | obere Unterkohle (Flözbank Io) | |
| | | | UKT + | | Unterkohlenton | |
| | | | UKS | | Unterkohlensand | |
| | | | uUK | 15 A | untere Unterkohle (Flözbank Iu) | |
| | | | ZUL | | Zwischenmittel Unterkohle/Liegendkohle | |
| | | PG2u | oLK<br><br><br>uLK | Übergang 14 bis 15 (Übergang z. tieferen Eozän) „Tiefenflöze" | obere Liegendkohle (Flözbänke $x_1 - x_3$), nur im Neumark-West- und -Ostgraben verbreitet<br>untere Liegendkohle (Flözbank $x_4$), nur lokal geringmächtig und zersplittert verbreitet | $x_1$ max. 8,8 m<br>$x_2$ max. 7,9 m<br>$x_1 + x_2$ = 10,7 m<br>$x_3 \geqq 2$ m<br>$x_4$ = 2 m |
| | ? oberes Untereozän | | LgT | | Liegendes Tertiär<br>Kiese, Sande, Schluffe und Tone, z. T. mit Pyrit und eingekieselt (quarzitisch), am nördlichen Beckenrand und an der Neumark-Hauptschwelle z. T. fehlend | |

Fortsetzung nebenstehender Tabelle

| Geologische Gliederung: System | Geologische Gliederung: Abteilung bzw. Stufe | Lokal-stratigraphie | Kurzzeichen nach SCHULZ (1961), KRUMBIEGEL & SCHMIDT (1968), RADZINSKI (1967) | Pollenzonen nach KRUTZSCH (1967) für Bohrung 3943/66 Pg-Zone (Paläogen-Zone) | lithologische Beschreibung der Schichtenfolge | Mächtigkeiten in Metern |
|---|---|---|---|---|---|---|
| TRIAS | Oberer Bunt-sandstein | T 1.3 | so | | kalkhaltige Tone und Schluffe, Tonmergel, geringmächtig Kalksteinplatten, z. T. schwacher Sandgehalt, im verwitterten Zustand entkalkt (tÜZ), nach älteren Angaben auch als Röt bezeichnet | |
| | Mittlerer Bunt-sandstein | T 1.2 | smS Solling-Folge | | Solling-Folge feste bis mürbe, fleckig hellgraue, gelbgraue oder grünlichgraue, im Liegenden blaßviolette Sandsteine und Schluffsteine. Im verwitterten Zustand (tÜZ): Sand, Schluff oder Ton gleicher Färbung (stark kaolinisiert), nur im Mücheler Becken (Neumark-Graben) verbreitet | |
| | | | smH Hardegsen-Folge | | Hardegsen-Folge violettgraue Sand- und Schluffsteine, rote Tonsteine, im verwitterten Zustand: Sand, Schluff und Ton gleicher Färbung Verbreitung nur am nördlichen Beckenrand | |

Ein lithostratigraphisches Normalprofil für das Braunkohlenfeld Neumark-Nord wurde von den Verfassern auf der Grundlage eines von LINCKE 1967/1968 erarbeiteten lokalstratigraphischen Schemas (Idealprofil) für das Abbaufeld Mücheln Ost und das unverritzte Abbaufeld Neumark-Nord nach Auswertung der Erkundungsergebnisse beschrieben (Autorenkollektiv: Ergebnisbericht 1969) (siehe Tabelle).

#### Prätertiär

Trias: Mittlerer (sm = T 1.2) und Oberer Buntsandstein (so = T 1.3) (Abb. 2)

Das Liegende des (? Oberen Untereozäns bzw.) tiefen Mitteleozäns (= e und tÜZ) im Feld Neumark-Nord bilden im wesentlichen Gesteine des Oberen Buntsandsteins (Röt — so) und am Geiseltalnordrand solche des Mittleren Buntsandsteins (sm) der Solling (smS)- und Hardegsen-Folge (smH). Die lithostratigraphische Gliederung des Röts entspricht der von JUBITZ (1959) für den Südwestrand der Querfurt—Freyburger Muschelkalkmulde und der von ULBRICH (1968) (Tab. 3, S. 23; Schema S. 61a; Anlage 6) für das westliche Geiseltal aufgestellten Schichtenfolge. Die Schichtenfolge des Mittleren Buntsandsteins wurde in Anlehnung an RADZINSKI (1967) stratigraphisch überarbeitet.

Die meisten Bohrungen, die bis ins Prätertiär niedergebracht wurden, erreichten entweder nur die Verwitterungszone oder sind nach wenigen Dezimetern oder Metern im verwitterten Buntsandstein eingestellt worden. Eine exakte Zuordnung zu einem der Schichtenkomplexe des Mittleren bzw. Oberen Buntsandsteins im Sinne von RADZINSKI (1967) ist daher im Regelfalle nicht möglich. Die Grenzlinien innerhalb des sm der Schnitte in der Abb. 4 wurden deshalb auch nur gerissen eingetragen.

Die Tiefenreichweite der [präuntereozänen (?) bzw.] prämitteleozänen Verwitterung war offenbar recht unterschiedlich und naturgemäß gesteinsabhängig.

Die Grenze zwischen verwittertem und unverwittertem Buntsandstein ist teilweise unscharf, besonders in den Sandsteinen des Mittleren Buntsandsteins. Die ± karbonathaltigen Rötsedimente sind in der Zersatzzone entkalkt.

Die unmittelbar über der Verwitterungsrinde liegenden tertiären Liegendsedimente (LgT) setzen sich überwiegend aus aufgearbeitetem Verwitterungsschutt des Prätertiärs zusammen und enthalten meist gröberklastische Beimengungen. Bei verschiedenen, in älteren Bohrungen als „Sandstein" oder „Quarzit" beschriebenen und zum Prätertiär (Röt) gestellten Gesteinen handelt es sich um eingekieselte Sandhorizonte des LgT. Beim Verwitterungsprozeß in Lösung gegangene Kieselsäure wurde in diesen Sandlinsen und -horizonten wieder ausgefällt und verfestigte dieselben.

Des weiteren ist die Ausfällung von Schwefeleisen in Form von Pyrit auf chemische Umsetzungen während und nach der Verwitterung auf der ehemaligen prätertiären Landoberfläche zurückzuführen. Pyrit ist sowohl in der Verwitterungsrinde als auch in den tertiären Liegendschichten beobachtet worden.

Die Sand- und Schluffsteine des Mittleren Buntsandsteins sind ebenfalls meist tiefgründig verwittert (Kaolinisierung des Feldspatanteils). Entsprechend bestehen in diesem Bereich die tertiären Liegendsedimente aus Umlagerungsprodukten derselben, wodurch eine Abgrenzung sehr erschwert wird.

Das Liegende des Tertiärs scheint am Nordrand überwiegend die Solling-Folge (smS) mit dem Chirotherien-Sandstein (sm $\chi$) zu bilden, denn die Verwitterungsprodukte bestehen hauptsächlich aus hellgrauen, gelbgrauen bzw. grünlichgrauen fleckigen Sanden und Schluffen. Nur lokal wurden rote („bunte") Tone angetroffen, woraus geschlossen werden darf, daß es sich um Gesteinszersatz der Hardegsen-Folge (smH) handelt.

Die lithostratigraphische Ausbildung der Schichtenfolge des Röts und Mittleren Buntsandsteins im Feld

Neumark-Nord ist der Tabelle zu entnehmen (vgl. auch Tiefbohrungen Brunnen 1805/58 bzw. Pegel 3287/64 = Bohrungen Nr. 27 bzw. Nr. 46 in Abb. 4, S. 50, KRUMBIEGEL & SCHMIDT 1968).

### Tertiär

(Geiseltalflöz und tertiäre Begleitschichten)

Die Lithostratigraphie der tertiären Schichtenfolge liegt in dem überarbeiteten lokalstratigraphischen Schema (Idealprofil) (siehe Tabelle) vor. Neuere Angaben zur lithostratigraphischen Ausbildung der „Hangenden tertiären Stufe", einen regionalen stratigraphischen Vergleich des eozänen Braunkohlenflözes und seiner prätertiären, tertiären und pleistozänen Begleitschichten im Geiseltal, eine Karte des Flözhangenden des Geiseltalflözes sowie mehrere geologische Schnitte enthält die Veröffentlichung von KRUMBIEGEL & SCHMIDT 1968 (Tab. 1, S. 47; Einschlagtafel 1; Abb. 1 B; Abb. 5—7). Das im tertiären Gebirge eingelagerte mächtige „Geiseltalflöz", im Bereich des Braunkohlenfeldes Neumark-Nord teilweise als sehr stark aufgespalten erbohrt, wurde, um für den gegenwärtigen Braunkohlenabbau und für die zukünftige Abbauplanung, insbesondere für die Vorratsberechnung, eine einheitliche Ansprache der einzelnen Flözabschnitte zu gewährleisten, mehrfach nach geologisch-feinstratigraphischen Gesichtspunkten und solchen der Bergbauprojektierung koordiniert (KRUMBIEGEL 1964, KRUTZSCH 1967). Die neuen Erkundungsergebnisse hinsichtlich der Parallelisierung der x-Flözbänke und Flözbänke I—IV (Einteilung der Braunkohlenindustrie) erforderten eine erneute Überarbeitung der bisherigen Flözbankparallelisierung im Untersuchungsgebiet.

Methodisch eignet sich dafür am besten ein System sich kreuzender Profilschnitte im Längen- und Höhenmaßstab 1:1, ergänzt durch Aussagen über Lithotyp, Struktur und Varietät der beim Niederbringen von Kernbohrungen gewonnenen Kohlenproben. Eine sorgfältige Dokumentation bei der Kernbemusterung ist hierfür erste Voraussetzung.

Von SCHMIDT (in Autorenkollektiv: Ergebnisbericht 1969) wurden nach petrographischer Strukturauswertung der Kernbohrungen für das Feld Neumark-Nord zwei Lithotypen an Braunkohlen im Sinne von SÜSS & SONTAG 1966 beobachtet: 1. Braune Kohlen (Kessel- und Brikettierkohlen) und 2. Schwarze Kohlen (Kesselkohlen). Diese Lithotypen mit ihren Varietäten eignen sich unter anderem für eine Flözbankparallelisierung, während strukturcharakteristische Einlagerungen (Pyrit, Xylit, Retinit, Gewebereste) hierfür weniger geeignet sind.

Die Braunkohle

Abweichend von der bisherigen Flözbankparallelisierung zeigte sich, daß sich das Mächtigkeitsverhältnis der Unterkohle insgesamt zur Liegendkohle ($x_1$—$x_2$ Liegendbänke) zugunsten der Unterkohle verschoben hat.

Das Verbreitungsareal der Liegendkohle hat sich dadurch einmal verkleinert, und zum anderen liegen die Isohypsen des Haupthangenden tiefer, nur noch unterhalb von +50 m ü. NN. Die Flözbänke $x_1$—$x_4$ treten deshalb fast ausschließlich im Bereich der Nordflanke des Neumark-Ost- und -West-„Kessels" auf (Abb. 1).

Für die Liegendkohle (Flözbänke $x_1$—$x_4$)[2]), die im Geiseltal bisher stratigraphisch ältesten Flözabschnitte, ergeben sich folgende Ablagerungsverhältnisse:

1. Die Verbreitung der Liegendkohle ist ausschließlich auf den Neumark-West- und -Ost-„Kessel" beschränkt. Die Ausdehnung der schlauchartig von West nach Ost streichenden Ablagerungen beträgt etwa 1,7 km, die maximale Breite etwa 0,3 km, das Minimum etwa 90 m (vgl. Abb. 1).

2. Die Flözbank $x_4$ ist die tiefste im Feld Neumark-Nord erbohrte Kohle mit Mächtigkeiten $\leqq$ 2 m. Die maximale Tiefenlage liegt bei —37,6 m NN.

3. Die Flözbank $x_3$ unterlagert die sich über das gesamte Verbreitungsgebiet ausdehnenden Bänke $x_1$ und $x_2$ nur in drei lokalen Bereichen mit Mächtigkeiten von $\geqq$ 2 m. Ein zusammenhängendes Verbreitungsgebiet liegt im Neumark-Ost-„Kessel". Das tiefste Flözliegende der Bank $x_3$ liegt bei —35,5 m NN.

4. Die Flözbänke $x_1$ und $x_2$ sind im gesamten Verbreitungsgebiet der Liegendkohle ausgebildet. Sie treten wechselnd vereinigt und aufgespalten auf. Die maximalen Mächtigkeiten betragen für $x_1 = 8{,}8$ m und für $x_2 = 7{,}9$ m, $x_1 + x_2 = 10{,}7$ m.

Das Verbreitungsgebiet von Unter-, Mittel- und Oberkohle bzw. des Gesamtflözes ist den Isohypsenkarten Abb. 1A und 1B bei KRUMBIEGEL & SCHMIDT (1968) zu entnehmen und ist im einzelnen in dem Ergebnisbericht: Autorenkollektiv (1969) dokumentiert.

### Pleistozän

Körbisdorfer Schotter

Im allgemeinen ist die von RUSKE (1957, 1961) aufgestellte Gliederung des Pleistozäns im Geiseltal auch für das Feld Neumark-Nord zutreffend.

Auf der Grundlage der neuesten Erkundungsarbeiten wurden die letztmalig von RUSKE (1957, 1961) geologisch bearbeiteten Flußschotter der mittelpleistozänen Unstrut bezüglich ihrer Verbreitung im Bereich des Braunkohlenfeldes Neumark-Nord überarbeitet. In den Grundzügen hat sich die von RUSKE (1957) (in KRUMBIEGEL & SCHMIDT 1968, Abb. 1B) angegebene Verbreitung der Unstrutschotter nicht verändert, wohl aber konnten einige Details im Verlauf ihrer nordwestlichen Begrenzung am Geiseltalnordrand hinzugefügt werden.

Eine Abgrenzung der mittelpleistozänen Schotter gegen die unterlagernden Kiessande der „Hangenden tertiären Stufe" ist nur schwer oder überhaupt nicht möglich, da die Dokumentation des Bohrguts meistens hierfür nicht ausreichte.

In Abb. 1 ist die westliche bzw. nordwestliche Verbreitungsgrenze der Körbisdorfer Schotter ($dg_u$[3])) dargestellt. Neu ist dabei die Einmündung eines dem mittelpleistozänen Unstrutlauf untergeordneten Nebenflußsystems nördlich des ehemaligen Tagebaues Neumark-Süd. Das Einzugsgebiet dieses Flusses hat vermutlich im Gebiet der nördlich an das Geiseltal angrenzenden Merseburger Buntsandsteinplatte gelegen (frühsaalekaltzeitliche Laucha? bzw. Schwarzeiche?). Dafür spricht der hohe Anteil an Sandstein innerhalb der Geröllzusammensetzung dieser Schotter. Da in den Schottern dieses aus Norden kommenden Flusses

[2]) Die Zählung der Flözbänke $x_1$ — $x_4$ erfolgt, entgegen der üblichen Aufzählung im geologischen Sinne, hier vom Hangenden zum Liegenden und findet in der Form auch Anwendung in der Praxis des Braunkohlenbergbaus.

[3]) Symbole nach W. SCHULZ (1961).

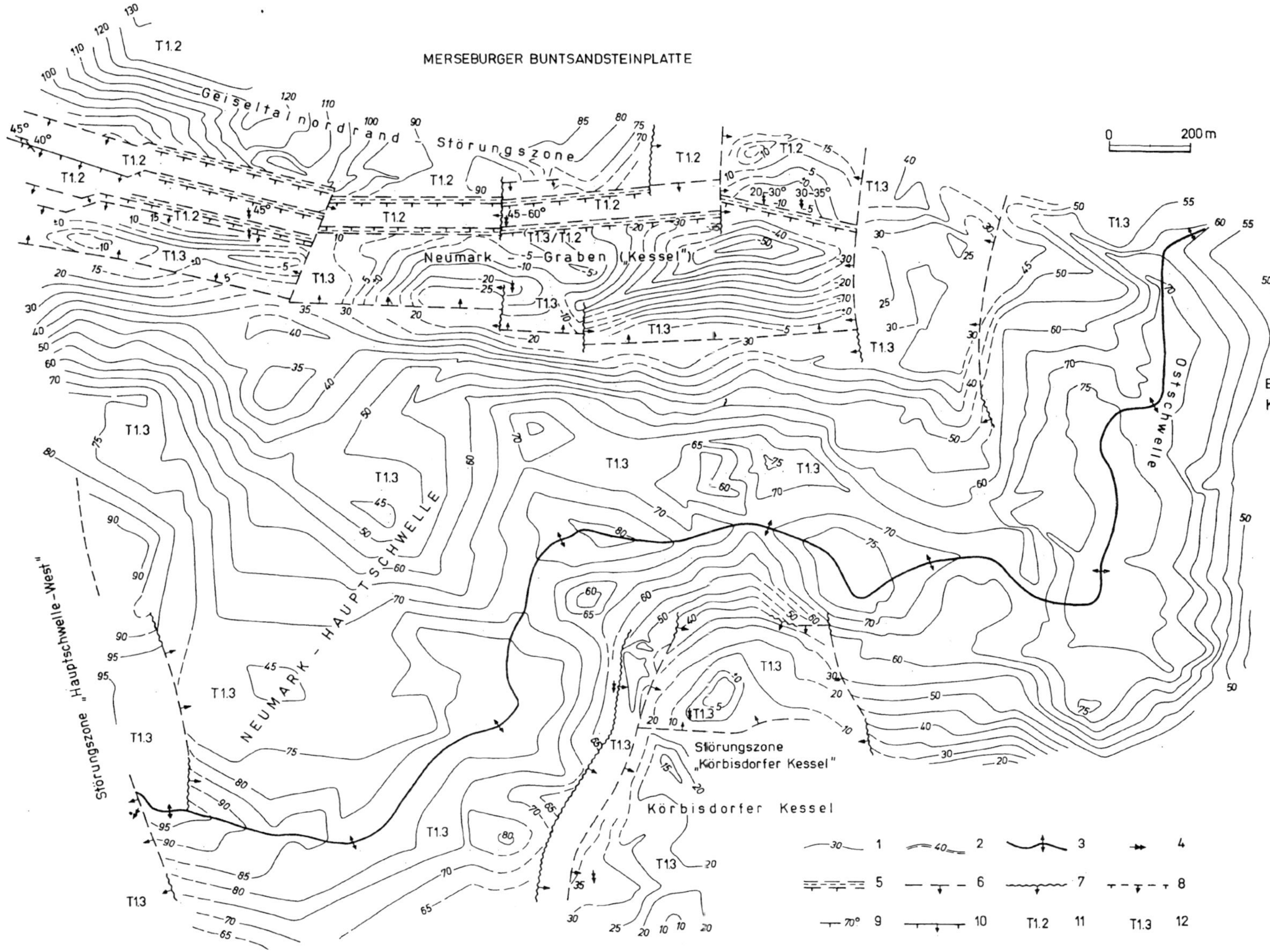


Abb. 2. Strukturkarte der Prätertiär-Oberfläche für das Braunkohlenfeld Neumark-Nord

1 – Isohypsen des Flözhangenden, sicherer Verlauf; 2 – Isohypsen des Flözhangenden, unsicherer Verlauf; 3 – Scheitellinie des prätertiären Rückens; 4 – Harnische im Prätertiär bzw. an der Basis des Tertiärs, Einfallwinkel in Grad; 5 – stark gestörtes Gebirge, vermutet; 6 – Störung mit unbekannten Eigenschaften, vermutet; 7 – Flexur, vermutet; 8 – Störung, beobachtet; 9 – Störung, eingemessen; 10 – Hauptstörung der Geiseltalnordrandstörungszone, eingemessen (8–10 nach LINCKE 1964); 11 – Trias: Mittlerer Buntsandstein; 12 – Trias: Oberer Buntsandstein

bereits Feuerstein als Komponente auftaucht, kann dieser frühestens zu Beginn der Saale-Kaltzeit der Unstrut zugeflossen sein. Vor der deltaartigen Einmündung mit mehreren Flußarmen („Neumark-Delta") in die Unstrut haben offensichtlich Inseln gelegen. In diesen Bereichen fehlen die Körbisdorfer Schotter eindeutig.

Zur Morphologie der Basis der Terrassen ist zu bemerken: Die mittelpleistozäne Unstrutterrasse liegt im ufernahen Bereich im Niveau zwischen etwa +99 bis +110 m ü. NN, nach der Flußmitte zu bei etwa +92 m ü. NN. Hier ist sie durch die Basalgrundmoräne ($dm_b$) zweigeteilt. Der Terrassenkörper im Liegenden der Basalgrundmoräne enthält als Hauptgeröllkomponenten Muschelkalk und Feuerstein, der im Hangenden gelegene dagegen überwiegend Quarz und Feuerstein.

Die tiefsten Horizonte der Körbisdorfer Schotter, die nach RUSKE (1961) sandige Tonlinsen mit Pflanzenresten, Schnecken und Muscheln führen und der Holstein-Warmzeit angehören, konnten bisher in keinem Falle im Gebiet des Feldes Neumark-Nord nachgewiesen werden. Im Bereich des südlicher gelegenen Tagebaus Neumark-Süd erfolgte eine mikropaläontologische Bearbeitung der Ostracoden und Characeen dieser tonig-schluffigen Schichten der Körbisdorfer Schotter von TIMMERMANN (1962).

Die basalen, feuersteinfreien Schotter der Unstrutterrasse sind weiter östlich zu suchen. Im Bereich des „Neumark-Deltas" fand nur Aufschotterung während des Frühglazials statt.

Die Terrassenbasis des aus Norden kommenden frühsaalekaltzeitlichen Nebenflusses liegt an der Einmündung bei etwa +102 m ü. NN, am Nordrand des Kohlefeldes bereits bei +113 m und darüber. Es ist möglich, daß die Niveaudifferenz von 11 m auf rund 500 m Entfernung auf Salzauslaugung zurückzuführen ist, also nicht unbedingt primär vorhanden gewesen ist.

## Geschiebemergel 1. Vorstoß Saale-Kaltzeit

Von Bedeutung ist in Zusammenhang mit dem Obengesagten die Verbreitung des Geschiebemergels des 1. Vorstoßes der Saale-Kaltzeit ($dm_1$). Im gesamten Feld Neumark-Nord sonst vorhanden, bis auf drei lokale Flächen im Bereich der Neumark-Hauptschwelle, fehlt dieser am Nordrand des Geiseltales, so daß im Hangenden der Flußschotter der weichselkaltzeitliche Löß ($\delta l$) folgt, der normalerweise auf dem Geschiebemergel des 1. Vorstoßes im Untersuchungsgebiet liegt. Das würde bedeuten, daß die Salzauslaugung mit Beginn der Weichsel-Kaltzeit im Periglazialbereich infolge ausbleibender Wasserzufuhr zum Stillstand kam.

Abb. 3. Geologische Strukturkarte des Geiseltales und seiner Umgebung (tektonische Störungslinien)

(Entwurf in Anlehnung an HEISE 1929, WEIGELT 1936, WEIGELT 1938 in GIESSLER 1951, ENGERT 1957, HOHL 1960, HUTH 1963, LINCKE 1964, GLAPA & KAMMHOLZ 1966, HAUTHAL 1966, KRUMBIEGEL & SCHMIDT 1966, 1968 und ULBRICH 1968)
1 – tektonische Störung; 2 – tektonische Störung, geophysikalisch erkundet; 3 – tektonische Störung, vermutet; 4 – tektonische Störungslinien im Prätertiär (nach WEIGELT 1936 und 1938); 5 – Verbreitung des kohleführenden Tertiärs im Geiseltal

Das Liegende des Reliefs des 1. Vorstoßes fällt von NW nach SE von maximal +131 m ü. NN auf +94 m ü. NN ab. Dazwischen liegt eine größere Einmuldung, die das Minimum von +80 m ü. NN in der Höhenlage erreicht. Die Reliefenergie von $dm_1$ ist meist flach wellig, tritt jedoch in den Bereichen des Schwellenrandes des Neumark-Ost-„Kessels" und der vorgenannten Einmuldung stärker durch lokale morphologische Mulden und Sättel hervor.

Geschiebemergel? Elster-Kaltzeit

In drei Altbohrungen im Bereich der größeren Insel im ehemaligen mittelpleistozänen Flußbett der Unstrut (vgl. Abb. 1) wurde ein Geschiebemergel, direkt auf Kohle liegend, erbohrt.

Es muß angenommen werden, daß es sich um fragliche Relikte des Geschiebemergels der Elster-Kaltzeit (*δ m*) handelt. Ursprünglich über das gesamte Geiseltal verbreitet, ist dieser Geschiebemergel im Flußgebiet der mittelpleistozänen Geisel und Unstrut durch diese Flüsse zum Teil erodiert, vor allem aber denudiert worden. Später während des 1. Vorstoßes der Saale-Kaltzeit wurde er im westlichen Geiseltal völlig und im mittleren Geiseltal bis auf das jetzt (?) neue Vorkommen Neumark-Nord und ein weiteres von GALLE (1962, S. 23—26, 152) aus dem Tagebau Pfännerhall (Westwand) beschriebenes aufgearbeitet.

Infolge Fehlens einer genauen Geschiebeanalyse sind jedoch eindeutige Aussagen z. Z. noch nicht möglich. Man sollte aber diesem Vorkommen bei den künftigen Aufschlußarbeiten Beachtung schenken, da sichere elsterkaltzeitliche Geschiebemergelablagerungen bisher nur aus dem östlichen und südlichen Geiseltal bekannt sind.

## 3. Geologische Lagerungsverhältnisse am Geiseltalnordrand

#### Geiseltalnordrandstörung

In der neueren geologischen Geiseltalliteratur wird verschiedentlich darauf hingewiesen, daß die steile Lagerung der Braunkohle am Nordrand des Geiseltal-Beckens nicht nur durch den Ausbiß des Tertiärvorkommens nach der Merseburger Buntsandsteinplatte hin bedingt ist, sondern daß hier tektonisch verursachte Lagerungsstörungen im Tertiär und Buntsandstein. vorliegen (KRUMBIEGEL 1953/1955; GALLE 1962; HILLE 1962; HOHL 1964; LINCKE 1964, 1967; HAUTHAL 1966; HUTH 1966; KRUMBIEGEL & SCHMIDT 1966, 1968 und ULBRICH 1968).

Abb. 3 zeigt die Störungslinien am Geiseltalnordrand und weitere bisher bekannt gewordene, vermutete und nachgewiesene tektonische Störungen dieses Raumes sowie des Gebietes nordöstlich des Geiseltales bis in den Bereich der Halleschen Störung.

Zur Klärung der Lagerungsverhältnisse im Feld Neumark-Nord wurden auf der Grundlage der Ergebnisse zahlreicher Bohrungen, die das Prätertiär erreicht haben, Isohypsen der Prätertiäroberfläche konstruiert (Abb. 2). Ferner wurden mehrere Trocken- und Kernbohrungen sowie einige geophysikalisch vermessene Spülmeißelbohrungen in die geologische Neubearbeitung des Prätertiärs einbezogen.

Als Ergebnis der Neubearbeitung wurde folgendes festgestellt:

1. Die geologisch-strukturelle Gliederung, wie sie von KRUMBIEGEL & SCHMIDT 1968, Abb. 1 A, dargestellt wurde, wird in den generellen Grundzügen bestätigt.

2. Am Verlauf der Neumark-Hauptschwelle haben sich keine grundsätzlichen Veränderungen ergeben. Auf ihrer Westflanke zum Müchelner Becken hin (Mücheln-Ostfeld) scheint die Hauptschwelle durch eine steil herzynische — NNW—SSE — streichende Störungszone (Störungszone „Hauptschwelle-West") in sich unterbrochen zu werden (Abb. 2, linker Rand unten).

3. Für den Körbisdorfer Kessel werden, bedingt durch engräumig große Niveauunterschiede, an den Flanken Abbrüche bzw. flexurartige Verbiegungen angenommen (Störungszone „Körbisdorfer Kessel") (Abb. 2, Mitte unten).

4. Es wurde versucht, den Verlauf und den Charakter der bei KRUMBIEGEL & SCHMIDT (1968) noch als unsicher angegebenen Nordrandstörung exakter zu erfassen und zu belegen (Abb. 3 und 4).

Hierzu wäre im einzelnen folgendes auszuführen.

Erste Vorstellungen, daß am Geiseltalnordrand ein Störungssystem verläuft, dessen Streichrichtung parallel der Halleschen Störung liegt, entwickelte WEIGELT (1937). Er deutete unter anderem darauf hin, daß „mit labilen Untergrundverhältnissen" an den beiden Enden des Geiseltales zu rechnen ist.

Die Nordrandstörung beginnt auf Grund der heutigen Ausdeutung der bereits von KRUMBIEGEL (1955) (Taf. 3, S. 351, Abb. 17; Taf. 6, S. 354, Abb. 15 und 16) beobachteten NW—SE verlaufenden Störungen im äußersten westlichen Geiseltal (Abb. 4, Schnitt P 1) im Bereich des Tagebaus Mücheln-Westfeld. Als Ursachen dieses herzynisch streichenden Störungssystems werden „tektonisch vorgezeichnete Linien im tieferen Untergrund" angenommen (S. 334).

Im gleichen Gebiet wurde die Störungszone von DIETRICH (1967) bei feinstratigraphischen Untersuchungen im Tagebau Mücheln-Westfeld erneut beobachtet. Er betrachtet diese Zone ebenfalls als ein herzynisch streichendes, staffelbruchartiges Störungssystem.

EBEL & HESSEL (1967, S. 675) deuten dann darauf hin, „daß zur Zeit der Kohlebildung der Buntsandstein unter der nördlichen Flanke des Geiseltales staffelartig abgebrochen ist und die Brüche bis zum Liegenden Tertiär durchbrachen".

ULBRICH (1968, S. 29, Anlagen 2, 5, 6 und 8) bezeichnet die Geiseltal-Nordrandstörungszone im Tagebau Mücheln-West- und im Ostfeld als ein flach herzynisch streichendes Störungssystem von etwa 800 m Breite. „Die Buntsandsteinschichten sind hier staffelbruchartig bei einem maximalen Betrag von über 150 m zum Störungszentrum hin abgesunken" (S. 29).

Im Tagebau Mücheln-Ostfeld gelang LINCKE (1964, S. 63—76) der Nachweis einer Reihe größerer, flach herzynisch streichender, staffelförmig angeordneter Störungslinien, deren Hauptstörung steil nach SW einfällt. LINCKE (1967) nimmt ein Verwerfungssystem tektonischen Ursprungs im Prätertiär (bis in den Mittleren Buntsandstein) an, das eine Gesamtsprunghöhe von etwa 180 m besitzt, wovon im Übertageaufschluß des Tagebaues Mücheln-Ostfeld 15 m am Schnitt aufgeschlossen waren (vgl. Abb. 4, Schnitt 2).

Die von KRUMBIEGEL & SCHMIDT (1968, S. 22) wahrscheinlich gemachte Fortsetzung der Nordrandstörungszone nach Osten konnte an Hand der neuen Bohrergebnisse bestätigt werden. Es wurden vier, parallel zueinander verlaufende Verwerfungen unterschieden (vgl. Abb. 2). An der am weitesten südlich gelegenen Verwerfung ist Röt gegen Mittleren Buntsandstein versetzt. Etwa 400 m östlich der heutigen Tagebaukante des Tagebaues Mücheln-Ostfeld ist ein Umbiegen der Streichrichtung des Nordrandstörungssystems aus der herzynischen in die W—E-Richtung unter blattartiger Verschiebung nach Norden zu beobachten. Die Verschiebung wird längs einer rheinisch gerichteten Querstörung angenommen. Östlich dieses Querelementes sind nur noch zwei Staffelbrüche erkennbar. Das Nordrandstörungssystem endet offenbar an N—S streichenden Brüchen, die die Ostschwelle gegen den „Neumark-Kessel" (Gebiet südwestlich der Halde Neumark-Süd und -Ost) abgrenzen (vgl. Abb. 2).

Die Sprunghöhen schwanken zwischen 5 und 25 m. Eingemessene Harnischflächen ergaben ein Einfallen von 45° bis 60° nach SW bzw. S.

Abb. 4 zeigt den Charakter des staffelbruchartigen Nordrandstörungssystems an Hand einer Reihe NNE—SSW bzw. N—S gerichteter, quer zum Streichen der Störungszone liegender Schnittserien im westlichen und mittleren Geiseltal.

#### Störungen im Neumark-Nord-„Kessel"

Nach KRUMBIEGEL & SCHMIDT 1968 (S. 9) handelt es sich bei den Kesselbildungen (geologische Einheit) im Gebiet des Geiseltaltertiärs um „in den Beckengebieten auftretende, durch örtlich intensivierte Salzauslaugung hervorgerufene Absenkungszentren, in denen die Kohle erhöhte Mächtigkeiten erreichte".

Der auf Abb. 1A obiger Autoren als „Neumark-Kessel" abgebildete Senkungsraum ist, wie die neuen Untersuchungen gezeigt haben, nicht als Kessel im alten Sinne zu betrachten, sondern ist ein Grabenbruch. Seine Südflanke wird nämlich durch einen Sprung markiert, der zum Nordrandstörungssystem parallel verläuft und nach N einfällt. Hier ist das Röt um etwa 10—15 m verworfen.

Auffällig sind einmal ein Hochgebiet innerhalb des Neumark-Grabens und zum anderen Hochgebiete an den Enden des Grabens. Das erste Hochgebiet ist also N—S orientiert und liegt in Verlängerung des Streichens der Neumark-Hauptschwelle östlich des Körbisdorfer Kessels.

#### Genese der Störungen

Die Abbrüche am Körbisdorfer Kessel dürften atektonischer Natur sein. Man kann sie auf Subrosion zurückführen. Hierfür sprechen einmal ihr räumliches Gebundensein an die Kesselflanken, zum anderen die Streichrichtungen der Störungen (eggisch, rheinisch, Ost—West). Diese Richtungen weichen von denen der saxonisch angelegten Störungssysteme (herzynisch bzw. erzgebirgisch), wie sie HEISE (1929) und WEIGELT (1938) beschrieben, ab.

Subrosionsbedingt sind wohl auch die eggisch streichenden Brüche im Bereich der Neumark-Hauptschwelle. WAGENBRETH (1958) führt kesselbruchartige, engräumige Absenkungen nach Flözbildungen als typisch für Salzauslaugung an.

Nicht eindeutig ist die Ursache der Störungen am Neumark-Graben. Die flach herzynisch streichenden Verwerfungen sind möglicherweise auf wiederaufgelebte echte Tektonik zurückführbar. Die E—W und die rheinisch bzw. N—S streichenden Elemente passen dagegen nicht in den saxonischen Strukturplan hinein. Sie stimmen jedoch sehr gut in der Streichrichtung mit der der geologischen Einheiten des Geiseltaltertiärs, nämlich den Schwellen und den Becken im mittleren und östlichen Geiseltal, überein. Ihre Anlage wurde durch die Subrosion veranlaßt.

Auffallend ist auch die Übereinstimmung der Streichrichtung der Querbrüche am Nordrand des Feldes Neumark-Nord (östlich der rheinischen Querstörung) mit der Richtung der Störungen am Südrand des Beunaer Kessels (FROMMEYER 1939). FROMMEYER (1939) deutet diese Störungen, die sich teilweise bis über Tage durchpausen, als einwandfreie Einbrüche infolge Salzauslaugung. GIESSLER (1951) gelangt zur gleichen Deutung für die Störungen im Raum Neumark.

## 4. Schlußfolgerungen für den Braunkohlenbergbau

Auf die hydrogeologische und ingenieurgeologische Bedeutung der Störungen am Geiseltalnordrand, speziell im Bereich des künftigen Abbaufeldes Neumark-Nord, wiesen bereits HOHL (1964), LINCKE (1964, 1967), EBEL & HESSEL (1967) und ULBRICH (1968) hin.

An Hand der neuen Erkundungsergebnisse lassen sich die hydrogeologischen und ingenieurgeologischen Verhältnisse noch weitgehender präzisieren. Obgleich die Entwässerung im allgemeinen durch die im Ergebnisbericht Autorenkollektiv (1969) beschriebenen Maßnahmen als beherrschbar angesehen wird, zumal infolge des seit langem umgehenden Bergbaus im Geiseltal nur ein statischer Grundwasservorrat vorhanden ist, muß entlang der Nordrandstörungszone noch mit einer Durchfeuchtung der späteren Nordböschung durch zusitzende Wässer aus dem Mittleren Buntsandstein gerechnet werden, die auf Störungsflächen migrieren können (vgl. GLAPA & KAMMHOLZ 1966, ULBRICH 1968).

Weiterhin ist das Einfallen der Gleitflächen am Nordrand des Geiseltals mit einem Verhältnis von maximal 1:4 zu beachten, wodurch dieser Bereich als sehr stark rutschungsgefährdet betrachtet werden muß. Es wird dadurch eine Verminderung der Dauerstandfestigkeit der Nordböschung eintreten. Die verschiedentlich in den Bohrungen beobachteten Harnische gelten als extrem rutschungsbegünstigend, und diese sollten beim Abbau der Kohle keinesfalls angeschnitten werden (s. Abb. 2).

Der in einigen Bohrungen nachgewiesene Kriechauer Bänderton des Pleistozäns liegt im Schichtenprofil so hoch, daß er nur Einfluß auf die Standfestigkeit der obersten Einzelböschungen hat. Da man jedoch in der Annahme nicht fehlgehen dürfte, daß der Kriechauer Bänderton weiter verbreitet ist, als er durch Bohrungen (vor allem Altbohrungen!) ausgewiesen ist, ergeben sich Gefahren vor allem für die künftigen Bereiche des Tagebaus, in denen der Geschiebemergel ein starkes Einfallen aufweist.

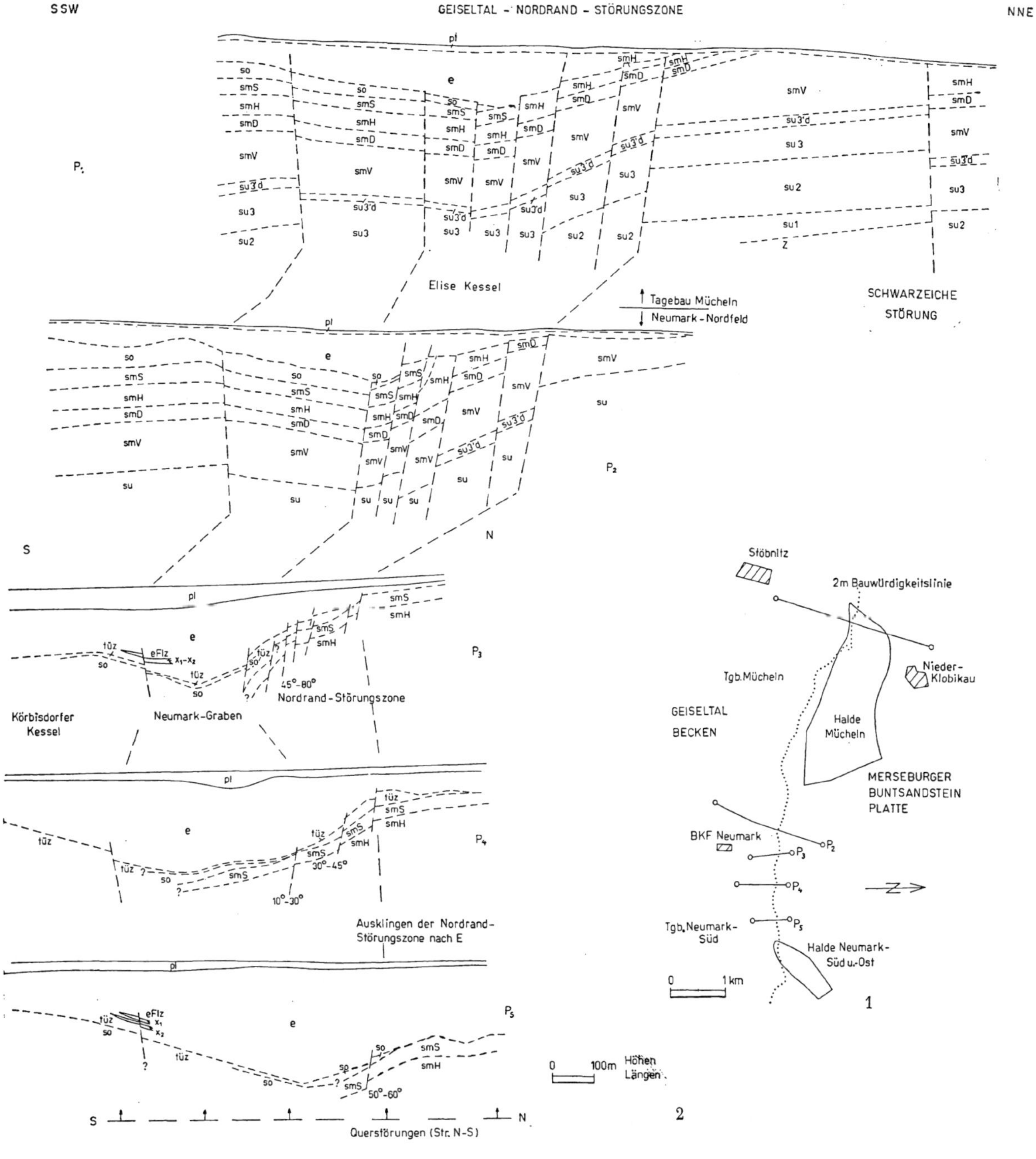


Abb. 4. Schematische geologische Schnitte (NNE—SSW bzw. N—S) quer zum Streichen der Geiseltal-Nordrandstörungszone und des Neumark-Ost-Grabens im westlichen und mittleren Geiseltal

1 — Lageplan der geologischen Schnitte; 2 — schematische geologische Schnitte: P 1—P 5
pl — Pleistozän, e — Mitteleozän (eFlz. — Braunkohlenflöz), $x_1 - x_4$ — Flözbänke $x_1$ bis $x_4$, tÜZ — Übergangszone Tertiär/Buntsandstein, so — Oberer Buntsandstein/Röt, sm — Mittlerer Buntsandstein, nicht gliederbar, smS — Solling-Folge, smH — Hardegsen-Folge, smD — Detfurth-Folge, smV — Volpriehausen-Folge, su — Unterer Buntsandstein, nicht gliederbar, su3'd — Obere Sandstein-Schieferton-Wechsellagerung, su3 — Obere Folge, su2 — Untere Folge, su1 — Folge der Bröckelschiefer, z — Zechstein, 30°—45° — Einfallen der Schichtflächen in den Bohrungen

(Buntsandsteingliederung in Anlehnung an RADZINSKI 1967 in den Schnitten P 1 und P 2; Schnitte P 1 und P 2 umgezeichnet und ergänzt nach ULBRICH 1968 Schnitte P 3 bis P 5 nach KÖCKE & W. SCHMIDT 1969).

Schließlich läßt die Abraumzusammensetzung im Restfeld Neumark-Nord — 32,4% bindige, 27,6% schwach bindige und 40,0% rollige Anteile (Durchschnittswerte) — keine Anwendung der Brücken- bzw. Direktversturztechnologie bei der Abraumförderung zu.

## Zusammenfassung

Es wird ein lokales lithostratigraphisches Schema (Idealprofil) für den Nordrand des mittleren Geiseltales gegeben.

Die geologische Auswertung von Erkundungsergebnissen aus dem Braunkohlenfeld Neumark-Nord erbrachte neue Erkenntnisse über die Strukturen der Prätertiär-Oberfläche am Geiseltalnordrand. Außerdem werden die Verbreitungsgrenze der mittelpleistozänen Schotter der Unstrut an ihrem Nordwestufer und das Auftreten eines der mittelpleistozänen Unstrut von Norden zufließenden Nebenflußsystems in Form eines „Deltas" behandelt.

Die Stellung der tektonisch bedingten, herzynisch streichenden Geiseltal-Nordrandstörungszone innerhalb des Systems tektonischer Störungslinien im Bereich der Merseburger Buntsandsteinplatte bis in den Bereich der Halleschen Störung wurden karten- und profilmäßig dargestellt.

Die eggisch, rheinisch und ost-west-streichenden Störungen im Neumark-Graben sind atektonischer Natur. Sie sind auf Subrosion zurückzuführen.

Auf die Bedeutung der tektonischen und atektonischen Störungen am Geiseltalnordrand für den künftigen Braunkohlenbergbau im Restfeld Neumark-Nord (Entwässerung, Rutschungen, Abbautechnologie) wird hingewiesen.

## Резюме

Дается локальная стратиграфическая схема (идеальный разрез) для северного края средней части Гейзельталя.

Геологическая интерпретация данных разведки буроугольного поля „Ноймарк-Норд" дала новые сведения о структурах дотретичного рельефа северного края Гейзельталя. Кроме того, рассматриваются граница распространения среднеплейстоценовых щебней р. Унструт у ее северо-западного берега, а также существование системы притоков, падающих в среднеплейстоценовую р. Унструт с севера в виде „дельты".

На картах и профилях изображается положение тектонически обусловленной СЗ—ЮВ (герцински) простирающейся зоны нарушений северного края Гейзельталя внутри системы тектонических линий нарушений от района Мерзебургской плиты пестрого песчаника до района Галлеского нарушения.

ССЗ—ЮЮВ (эггские), ССВ—ЮЮЗ (рейнские) и западновосточно простирающиеся нарушения грабена „Ноймарк" не являются тектоническими. Они возникли в результате суброзии.

Указывается на значение тектонических и нетектонических нарушений на северном краю Гейзельталя для будущих горных выработок по бурым углям в остаточном полеНоймарк-Норд (водоотвод, оползни, техногогия разработки).

## Summary

A local lithostratigraphical scheme (ideal section) is described for the northern margin of the middle Geisel valley.

New knowledge of structures of the Pretertiary surface at the northern margin of the Geisel valley was obtained by a geological evaluation of exploratory results in the Neumark-Nord brown-coal field. The authors also deal with the boundary of distribution of the Middle Pleistocene Unstrut gravels at the northwest bank of the river, and with the occurrence of a system of tributaries feeding the Middle Pleistocene Unstrut from the north in the form of a „delta".

Maps und sections serve to describe the position of the disturbed zone at the northern margin of the Geisel valley striking N.W.—S.E. and conditioned tectonically within the system of tectonic fault zones in the area of the Buntsandstone plate of Merseburg to the area of the fault of Halle.

The faults striking N.N.W.—S.S.E., N.N.E.—S.S.W. and east—west in the Neumark graben are of an atectonic nature, und must be attributed to subrosion.

The importance of tectonic und atectonic faults at the northern margin of the Geisel valley is emphasized for a future mining of brown coals in the residual field of Neumark-Nord (drainage, slides, technology of mining).

## Literatur

DIETRICH, H.-R.: Feinstratigraphische Untersuchungen und Störungszonen in der Braunkohle des Tagebaues Mücheln-Westfeld. — Unveröff. Dipl.-Arb. Univ. Halle, Halle 1967.

EBEL, H., & W. HESSEL: Anforderungen der Tagebausicherheit an die Erkundung im Bereich der VVB Braunkohle Halle (Autorreferat). — Ber. dt. Ges. geol. Wiss., A, Geol. Paläont., **12**, 6, 674—677, Berlin 1967.

ENGERT, P.: Der prätertiäre Untergrund von Nordwestsachsen und seine Tektonik. — Ber. geol. Ges. DDR, **2**, 3, 165—176, Berlin 1956/1957.

FROMMEYER, F.: Die Beziehungen zwischen Salzauslaugung und Braunkohlenbildung im östlichen Geiseltal unter Berücksichtigung dieser Vorgänge im übrigen Geiseltal. — Jb. Hallesch. Verb., N. F., **17**, 57—176, Halle 1939.

GALLE, H.: Feinstratigraphische Flözinventarisierung im mittleren Geiseltal unter besonderer Berücksichtigung des Liegenden und Hangenden der Kohle. — Unveröff. Dipl.-Arb. Univ. Halle, Halle 1962 (Ref. in: Hallesch. Jb. Mitteldt. Erdgesch., **6**, 97—100, Leipzig 1965).

GIESSLER, A.: Untersuchung der Ursachen der Senkungskatastrophe von 1947 bei Neumark im Geiseltal. — Bergakademie, **3**, 221—231, Freiberg 1951.

GLAPA, H., & H. KAMMHOLZ: Ergebnisse ingenieur- und hydrogeologischer Arbeiten im Zusammenhang mit dem Liegenddurchbruch im Tagebau Lochau. — Abh. zentr. geol. Inst., **3**, 91—97, Berlin 1966.

HAUTHAL, U.: Ergebnisbericht Hydrogeologische Erkundung Bad Lauchstädt—Schafstädt 1965. — Unveröff. Ber., VEB Geol. Forsch. u. Erkundg., Betriebst. Halle, Halle 1966.

HEISE, W.: Die tektonische Sonderstellung der Merseburger Buntsandsteinplatte. — Jb. Hallesch. Verb., N. F., **8**, 1, 32—74, Halle 1929.

HILLE, R.: Hydrogeologische Untersuchungen im BKW Mücheln, speziell für die Nordböschung und das Westfeld, 20. 3. 1962. — Unveröff. Mskr., BKW Mücheln u. VVB Braunkohle Halle, Geol.-Hydrol. Abt. Beuna, Merseburg 1962.

HOHL, R.: Verlauf und Charakter einer Störung im Untergrund des norddeutschen Flachlandes nach geologischen und geophysikalischen (gravimetrischen und geomagnetischen) Befunden. — Intern. Geol.-Kongr., XXI. Sess., Norden, 1960, XVIII, 435—445, Kopenhagen 1960.

— Komplexerkundung von Braunkohlenlagerstätten. — Z. angew. Geol., **10**, 9, 489—493, Berlin 1964.

HUTH, W.: Ergebnisbericht Hydrogeologische Vorerkundung Halle-West 1965. — Unveröff. Ergebnisber., VEB Geol. Forsch. u. Erkundg., Betriebst. Halle, Halle 1966.

JUBITZ, K. B.: Die Trias Ostthüringens als Rohstoffbasis (Baustein, Kalk, Zement). — Exkurs.-Führer Thüringer Becken anläßl. Jahrestag. geol. Ges. DDR, 99—138, Akad.-Verl., Berlin 1959.

KRUMBIEGEL, G.: Feinstratigraphische Untersuchungen der Braunkohle im Tagebau Mücheln (Geiseltal). Ein Beitrag zur Kenntnis der Geologie des westlichen Geiseltales. — Unveröff. Dipl.-Arb. Univ. Halle, Halle 1953. Nova Acta Leopoldina, N. F., **17**, 120, 281—355, Leipzig 1955.

— Braunkohlenforschung Geiseltal. Abschlußbericht 1963—1964. — Unveröff. Mskr., VVB Braunkohle Halle, Halle 1964.

KRUMBIEGEL, G., & W. SCHMIDT: Neue geologische Untersuchungsergebnisse im Tertiär des Geiseltales und Perspektive der Lagerstätte. In: Das Geiseltal. — Dt. Ges. geol. Wiss., Fachverb. Paläont., 3—40, Berlin 1966.

— Tertiär und Pleistozän des Geiseltales und Perspektive der Lagerstätte. In: Das Geiseltal. — Dt. Ges. geol. Wiss., Fachverb. Paläont., 2. Aufl., 3—55, Berlin 1968.

KRUMBIEGEL, G., L. LINCKE & W. BOY: Probleme der Geologie und Braunkohlenerkundung im Geiseltal. — Ber. dt. Ges. geol. Wiss., A, Geol. Paläont., **12**, 6, 687—696, Berlin 1967.

KRUTZSCH, W.: Sporenstratigraphische Untersuchung der Bohrung Neumark-Nord 3943/66. — Unveröff. Mskr., Ber. Nr. 20/67, zentr. geol. Inst., Berlin 1967.

LINCKE, L.: Feinstratigraphische Untersuchungen in der Braunkohle des Tagebaues Mücheln-Ostfeld und die Fazies des Liegenden Tertiärs im Norden des mittleren Geiseltales. — Unveröff. Dipl.-Arb. Univ. Halle, Halle 1964.

— Betriebsgeologische Fragen im westlichen Geiseltal (Autorreferat). — Ber. dt. Ges. geol. Wiss., A, Geol. Paläont., **12**, 6, 671—673, Berlin 1967.

RADZINSKI, K.-H.: Gliederung und Paläogeographie des Unteren und Mittleren Buntsandsteins im südöstlichen Harzvorland. — Geologie, **16**, 6, 637 bis 659, Berlin 1967.

RUSKE, R.: Stratigraphische Untersuchungen im Pleistozän des Geiseltales und seiner Umgebung. — Unveröff. Dipl.-Arb. Univ. Halle, Halle 1957.

— Gliederung des Pleistozäns im Geiseltal und seiner Umgebung. — Geologie, **10**, 2, 152—168, Berlin 1961.

SCHULZ, W.: Das Pleistozän zwischen Weißer Elster, Saale und Wethau und seine Stellung im Pleistozän Mitteldeutschlands. — Unveröff. Diss. Univ. Halle, Halle 1961.

SCHULZ, W.: Gliederung des Pleistozäns in der Umgebung von Halle (Saale). – Geologie, **11**, Beih. 36, 1–69, Berlin 1962.
STÜSS, M., & E. SONTAG: Beitrag zur petrographischen Nomenklatur und Systematik von Weichbraunkohlen. – Bergbautechnik, 16, 4, 186–190, Berlin 1966.
TIMMERMANN, E.: Mikropaläontologische Untersuchungen an Ostracoden und Characeen im Pleistozän des Geiseltales. – Unveröff. Dipl.-Arb. Univ. Halle, Halle 1962.
ULBRICH, D.: Die Grundwasserverhältnisse im Tertiär und Prätertiär des Tagebaues Mücheln. – Unveröff. Dipl.-Arb. Univ. Halle, Halle 1968.
WAGENBRETH, O.: Übersicht über die Geologie der Braunkohlenlagerstätten in der DDR. – Bergakademie, **10**, 7, 380–384, Leipzig 1958.
WEGEWITZ, G.: Geiseltal – Kreis Merseburg. Hauptrichtung der landeskulturellen Entwicklung. – Unveröff. Mskr., Büro Territorialplanung Bezirksplankommission Halle, Halle 1968.
WEIGELT, J.: Die Bildungsdauer der mitteldeutschen Braunkohlen. – Forsch. Fortschr., 12, 31, 396–398, Berlin 1936.
– Die mitteldeutsche Braunkohle und ihr tektonischer Bildungsraum. – Braunkohle, **36**, 601–622, Halle 1937.
– Geologisches Gutachten über die Bodenbewegungen im Gebiet des ehemaligen Salzigen Sees einschließlich Erdeborn. – Halle 1938.
Autorenkollektiv: Ergebnisbericht über geologische Erkundungsarbeiten auf Braunkohle mit Berechnung der Vorräte und Konditionen. VEB BKK Geiseltal, Restfeld Neumark-Nord. – Unveröff. Ber. VEB Wärmeanlagenbau Berlin, Abt. P 8 – Koordinierung, Berlin 1969.

# Ergebnisse und praktische Folgerungen physikalischer Altersbestimmungen an Grundwässern

GERALD MILDE, KLAUS FRÖHLICH & CHRISTIAN KLINGER, Freiberg (Sa.)

(Sektion Geowissenschaften der Bergakademie Freiberg, Lehrstuhl für Hydrogeologie, Sektionsveröffentlichung Nr. 66)

## 1. Einführung

In den vergangenen Jahren wurden physikalische Methoden zur Altersbestimmung von Oberflächen- und Grundwässern entwickelt, die in zunehmendem Maße bei der Lösung praktischer hydrogeologischer Fragestellungen Anwendung finden.

Für die Hydrogeologie sind die radioaktiven natürlichen Isotope Tritium und Radiokohlenstoff, die im Grundwasser als Bestandteil des Wassermoleküls bzw. in Form des gelösten Bikarbonats enthalten sind, von besonderer Bedeutung. Die Halbwertszeiten von 12,26 Jahren für Tritium und von 5570 Jahren für Kohlenstoff-14 bestimmen die Abgrenzung der Datierungsbereiche:

Tritium: bis ca. 50 Jahre,
Radiokohlenstoff: bis ca. 40000 Jahre.

Da die Halbwertszeit von Tritium in der gleichen Größenordnung wie die mittlere Verweilzeit des Wassers in vielen Grundwasserleitern liegt, sind mit Hilfe von Tritium Datierungen von Grundwässern möglich, aus denen u. a. Durchgangszeiten und Strömungsgeschwindigkeiten bestimmt werden können. Der Kohlenstoff-14 dagegen ermöglicht die Identifizierung älterer subrezenter und fossiler Wässer tieferer Grundwasserstockwerke.

Da die in der DDR für Wasserversorgungszwecke wichtigen Grundwasserlagerstätten vorzugsweise Wasservorräte geringerer Verweildauer aufweisen, soll im folgenden ausschließlich nur auf die für diese Vorräte bedeutsame Tritiummethode eingegangen werden.

## 2. Physikalische Grundlagen der Tritiummethode

### 2.1. Entstehung und Vorkommen von Tritium

Im Wasserkreislauf der Erde sind sowohl natürliches als auch durch Wasserstoffbombenexplosionen erzeugtes Tritium vorhanden.

Tritium wird auf natürliche Weise in den oberen Schichten der Erdatmosphäre durch energiereiche Partikel der kosmischen Strahlung, vornehmlich aus dem Luftstickstoff, gebildet. Dafür kann die Produktionsrate mit ca. 1 Atom/cm² Erdoberfläche · s angegeben werden.

Eingang des Manuskripts in der Redaktion: 7. 8. 1969.
Vortrag, gehalten zum XX. Berg- und Hüttenmännischen Tag Freiberg, Juli 1969.

Die räumliche und zeitliche Verteilung des Tritiums ist von geographischen und meteorologischen Variablen abhängig. Die natürlichen Tritiumkonzentrationen von Niederschlags-, Oberflächen- und Grundwässern sind aus Tab. 1 ersichtlich. Der Gehalt an Tritium wird in Tritiumeinheiten [T.E. bzw. T.U. (tritium unit)] angegeben, wobei eine Tritiumeinheit gleich dem Atomzahlverhältnis von Tritium zu gewöhnlichem Wasserstoff von $1 \cdot 10^{-18}$ ist.

Tab. 1. Natürliche Tritiumkonzentration von Regen-, Fluß-, Meer- und Grundwasser (nach verschiedenen Autoren)

| Herkunft der Probe | Jahr der Entnahme | Tritiumkonzentration (T. E.) |
|---|---|---|
| Chicago | 1953 | 6,0 |
| Hawaii | 1953 | 0,6 |
| Philippinen | 1953 | 0,9 |
| Donau, Ulm | 1953 | 2,13 ± 0,38 |
| Elbe, Hamburg | 1953 | 2,57 ± 0,12 |
| Pazifik, Kalifornien | 1953 | 0,54 ± 0,2 |
| Atlantik, Golfstrom | 1953 | 0,19 ± 0,05 |
| Hot Springs, Arkansas | 1953 | 2,5 ± 1,4 |

Durch das Einsetzen der Wasserstoffbombenversuche ab 1953 wurde das natürliche Gleichgewicht der Tritiumverteilung in der Atmosphäre erheblich gestört (Tab. 2).

Tab. 2. Tritiumwerte von Wässern vor und nach 1953 (nach E. SCHROLL, V. RAJNER & O. ZELLHOFFER 1967)

| | vor 1953 (T. E.) | nach 1953 (T. E.) |
|---|---|---|
| Meerwasser, nördliche Halbkugel | 1–1,5 | 10–20 |
| ozeanischer Niederschlag | 1–3 | |
| kontinentaler Niederschlag und atmosphärische Oberflächenwässer | | |
| nördliche Halbkugel | 1–10 | bis über 5000 (100–1000) |
| südliche Halbkugel | | 10–100 |
| Grundwässer der nördlichen Halbkugel | unter 10 | meist unter 100 |
| Tiefenwässer | unter 0,1 | |

Die Tritiumkonzentrationen sind in ihren Spitzenwerten im atmosphärischen Niederschlag um mehr als das Tausendfache angestiegen. Zieht man aber den langsamen Austausch von Oberflächen- und Tiefseewasser der Ozeane in Betracht, so erscheint der Durchschnittsgehalt der Hydrosphäre trotzdem nur unerheblich erhöht (SCHROLL u. a. 1967). Es bestehen gegenwärtig aber noch beträchtliche Unterschiede zwischen den Tritiumkonzentrationen von Regen-, Fluß-, Meer- und Grundwasser, die für die Anwendung der Tritiummethode von Vorteil sind. Zur Zeit stellt die Tritiummethode keine echte Methode zur Altersbestimmung, sondern vielmehr eine Art globalen Tracerversuch dar.

### 2.2. Meßmethodik

Mit dem Niederschlag gelangt das atmosphärische Tritium in den Grundwasserbereich. Dort kann im allgemeinen keine Neubildung infolge des Austauschs mit atmosphärischer Feuchtigkeit erfolgen, so daß sich die Tritiumkonzentration entsprechend dem radioaktiven Zerfallsgesetz verringert.

Es gilt:

$$C = C_0 e^{-\lambda T} \tag{1}$$

wobei $C_0$ — die Anfangskonzentration beim Eintritt in den Grundwasserbereich, $C$ — die nach der Zeit $T$ in der dem Grundwasser entnommenen Probe vorhandene Konzentration und $\lambda$ — die Zerfallskonstante von Tritium darstellen.

Legt man für $C_0$ den für mitteleuropäische Niederschläge vor den ersten Wasserstoffbombenversuchen typischen Wert von ca. 10 T.E. zugrunde und will man noch bis zu 50 Jahre altes Grundwasser meßtechnisch erfassen, so ergibt sich aus Gleichung (1), daß eine Tritiumapparatur erforderlich ist, mit der mindestens noch 1 T.E. gemessen werden kann.

Leider gibt es bisher noch kein kernphysikalisches Gerät, mit dem solche extrem geringen Tritiumgehalte direkt nachgewiesen werden können. Es ist deshalb erforderlich, die Tritiumkonzentration der zu untersuchenden Proben zunächst um einen bestimmten Faktor anzureichern, bevor die Messung der Tritiumkonzentration in einem empfindlichen Strahlungsmeßgerät erfolgen kann. Eine Tritiumapparatur muß daher aus einem Gerät zur Anreicherung und einem Gerät zur Messung der angereicherten Tritiumkonzentration bestehen.

Für die eigenen Tritiumuntersuchungen wurden an der Bergakademie Freiberg ein Flüssigkeitsszintillationszähler (FSZ) und für die Voranreicherung der Proben eine Elektrolyseapparatur aufgebaut. Das für eine Tritiummessung an Grundwasser notwendige Probenvolumen beträgt maximal 4 l.

Das Probenwasser wird zunächst durch Destillation gereinigt und danach in einer dreistufigen Elektrolyseapparatur bis auf einen Rückstand von ca. 3 ml elektrolytisch zersetzt. Der maximal erreichbare Anreicherungsfaktor ist größer als 500. Nach der Anreicherung ist das Konzentrationsniveau selbst für tritiumarme Grundwasserproben hoch genug, um im FSZ mit ausreichender Meßgenauigkeit von etwa 10% bei maximal 48stündiger Meßzeit bestimmt werden zu können. Die gesamte Bearbeitungsdauer vom Beginn der elektrolytischen Anreicherung bis zum Abschluß der Messung im FSZ beträgt ca. 14 Tage für eine Probe. Sie ist im wesentlichen durch die zeit- und arbeitsaufwendige Anreicherung bedingt.

Gegenwärtig befindet sich an der Sektion Physik der Bergakademie Freiberg eine Apparatur in Erprobung, mit der eine wesentlich höhere Probenanzahl bei gleichem Zeit- und Arbeitsaufwand gemessen werden kann.

### 2.3. Modellbetrachtungen

In strengem Sinne ist die Datierung von Wasser mit Tritium problematisch; denn die Bedingung, daß ein geschlossenes System von Niederschlag mit bekannter Ausgangskonzentration bis zum daraus gebildeten Grundwasser vorliegen muß, ist beim Wasser als äußerst migrationsfähigem und mischbarem Stoff zunächst nicht unbedingt zu erwarten. Altersangaben stellen oft nur theoretische Werte dar und sind als „Mischalter" zu betrachten. Daher ist die Aufstellung von hydrologischen Modellen notwendig, denen mehr oder weniger starke Vereinfachungen der wirklich im Grundwasserleiter herrschenden Verhältnisse zugrunde liegen. Entsprechend der Aussagekraft und Gültigkeit des Modells repräsentieren die erhaltenen Tritiummodellalter die wahren Grundwasseralter.

#### 2.3.1. „piston-flow"-Modell

Für die Anwendung des „piston-flow"-Modells wird vorausgesetzt, daß ein Tracerimpuls beim Durchgang durch einen Grundwasserleiter weder durch Mischung noch durch Dispersion verfälscht wird. Die Konzentration des Tritiums ist folglich nur von der Konzentration beim Eindringen in den Grundwasserleiter und von der Durchgangszeit abhängig, die nach folgender Beziehung ermittelt werden kann:

$$C(t) = C_0(t - T) \cdot e^{-\lambda T} \tag{2}$$

Dabei bedeuten:

$T$ — Durchgangszeit des Grundwassers,
$t$ — Zeitpunkt der Probenahme,
$C_0(t - T)$ — Tritiumkonzentration zum Zeitpunkt des Versickerns.

$C_0(t - T)$ ergibt sich aus der Tritiumkonzentration im Niederschlag und ist mehr oder weniger abhängig von der zeitlichen Änderung der Niederschlagsmenge, der Evapotranspiration und der Infiltrationskapazität der den Grundwasserleiter bedeckenden Sedimente. Näherungsweise kann für $C_0(t - T)$ die Tritiumkonzentration des Niederschlags zur Zeit $t - T$ verwendet werden (Abb. 1).

Aus der gemessenen Tritiumkonzentration können mit Hilfe der Darstellung in Abb. 2 die Durchgangszeiten von Grundwässern und bei Kenntnis des Abstands vom Einzugsgebiet die Strömungsgeschwindigkeiten bestimmt werden.

#### 2.3.2. Dispersionsmodell

Das „piston-flow"-Modell stellt eine starke Idealisierung der im Grundwasserleiter herrschenden Verhältnisse dar, während das Dispersionsmodell die immer mehr

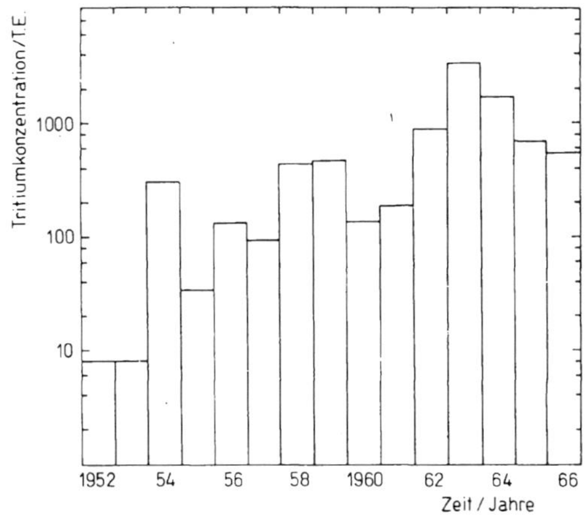


Abb. 1. Jährliche Mittelwerte der Tritiumkonzentrationen im Niederschlag (nach Meßergebnissen der Stationen Chicago, Ottawa und Wien)

oder weniger im Grundwasserleiter vorhandene Mischung von altem und jungem Grundwasser berücksichtigt. Es gilt die Beziehung

$$C(t) = \int_0^\infty C_0(t - T) \cdot e^{-\lambda T} \cdot f(T)\, \mathrm{d}T \qquad (3)$$

$f(T)$ ist eine Verteilungsfunktion, die angibt, mit welchem Anteil dasjenige Wasser in der Probe vorhanden ist, das eine Durchgangszeit $T$ benötigte und demzufolge die Anfangskonzentration $C_0(t - T)$ besaß.

## 3. Anwendungsbeispiele der Tritiummethode

Die Anwendungsmöglichkeiten von Tritium erstrecken sich auf nahezu alle Bereiche der Hydrogeologie, wie einige der Fachliteratur entnommene Beispiele zeigen:

Aussagen über den Wasserhaushalt,

Klärung der Verbindungsmöglichkeiten verschiedener Grundwasserleiter,

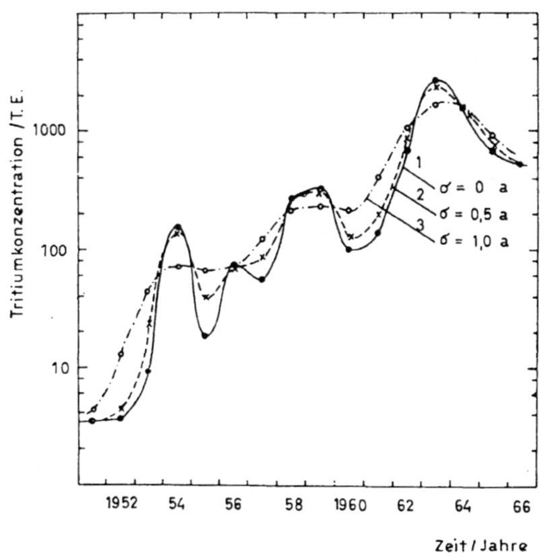


Abb. 2. Graphische Darstellung zur Bestimmung der Durchgangszeit von Grundwasser nach dem „piston-flow"-Modell (Kurve 1) und dem Dispersionsmodell (Kurven 2 und 3)

Aussagen zur Grundwasserergänzung,

Ermittlung von Austauschzeiten und Fließgeschwindigkeiten,

Aussagen über die Herkunft von Quellwasser.

In der DDR liegen Tritiumuntersuchungen u. a. aus der Grube Büchenberg (Harz) sowie aus der Niederlausitz vor.

### 3.1. Grube Büchenberg

#### 3.1.1. Problemstellung

Durch die Auffahrung von Strecken in Richtung der nahegelegenen Zilliertalsperre (Abb. 3) bestand für die Grube Büchenberg theoretisch die Gefahr eines Wassereinbruches, was durch das in den Schacht III des Grubenbaus eindringende Wasser bekräftigt wurde. Vorausgegangene Untersuchungen — Wassermengenmessungen, chemische Untersuchungen, Messungen der natürlichen Sauerstoffisotopenverhältnisse im Oberflächen- und Grundwasser — konnten die Frage nicht beantworten, ob sich die Wasserhaushalte von Talsperre und Grubengebäude beeinflussen. Mit Tritium sollte versucht werden, die genannte Problematik zu lösen.

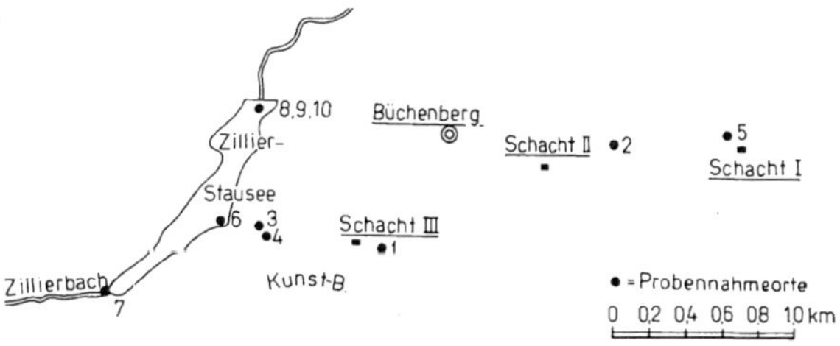


Abb. 3. Lageskizze des Untersuchungsgebietes Büchenberg und der Probenahmeorte

#### 3.1.2. Geologisch-hydrogeologischer Überblick

In der Grube Büchenberg werden mitteldevonische, durch Metasomatose entstandene Roteisenerze abgebaut, die von kalkig-schiefrigem Oberdevon überlagert werden. Darüber folgen Kiesel- und Tonschiefer sowie Grauwacken des Kulms.

Die Grundwasserbewegung ist ausschließlich an Klüfte und Störungen gebunden. Durch die Mittelharzer Porphyrgänge, die etwa in Nord—Süd-Richtung das Gebiet durchsetzen, werden einzelne Kluftwasserableitungen gebildet. Im Untersuchungsgebiet trennt solch ein Gang den Talsperren- vom Grubenraum. Eine durch herzynische Störungen mögliche Verbindung zwischen Grube und Talsperre konnte durch betriebliche Untersuchungen nicht nachgewiesen werden.

Obwohl diese Tatsachen dafür sprechen, daß die Wasserhaushalte von Sperre und Grube nicht zusammenhängen, konnten dafür keine zweifelsfreien Angaben geliefert werden.

#### 3.1.3. Tritiumuntersuchungen und Interpretation der Ergebnisse

Für die Herkunft des in den Grubenraum eindringenden Tropfwassers kamen drei Möglichkeiten in Betracht:

1. Das Tropfwasser ist altes Wasser, das vor den ersten H-Bombenversuchen als Niederschlagswasser in den Grundwasserbereich eindrang;

2. es ist junges Niederschlagswasser;

3. es handelt sich um vorwiegend junges Talsperrenwasser.

Somit mußten Proben aus der Talsperre, einschließlich des sie speisenden Zillierbaches, aus der Schachtanlage und vom Niederschlag untersucht werden (Abb. 3).

Tab. 3. Ergebnisse der Tritiummessungen Büchenberg

| Proben-Nr. | Datum der Entnahme | Entnahmeort | Tritiumkonzentration (T. E.) |
|---|---|---|---|
| 1 | 19. 7. 1966 | Richtstrecke der 6. Sohle, W-Feld in der Nähe des Schachtes III | 196 ± 6 |
| 2 | 19. 7. 1966 | Richtstrecke der 6. Sohle, Zuflußstelle im E-Feld | 48 ± 2 |
| 3 | 19. 7. 1966 | Querschlag 498, stehendes Wasser vor Ort | 28 ± 2 |
| 4 | 19. 7. 1966 | Querschlag 498, Tropfstelle Firste neben dem W-Stoß | 23 ± 2 |
| 5 | 16.–19. 7. 1966 | Niederschlagswasser, Auffangstelle in der Nähe von Schacht I | 485 ± 14 |
| 6 | 20. 7. 1966 | Zillierbach vor Einmündung in die Sperre | 416 ± 12 |
| 7 | 20. 7. 1966 | E-Ufer der Talsperre | – |
| 8 | 25. 7. 1966 | Staumauer der Sperre, oberflächig | 367 ± 10 |
| 9 | 25. 7. 1966 | Staumauer der Sperre, 15 m Wassertiefe | 346 ± 10 |
| 10 | 25. 7. 1966 | Staumauer der Sperre, 25 m Wassertiefe | 346 ± 10 |

Die Ergebnisse der Tritiummessungen sind aus Tab. 3 ersichtlich. Die erhaltenen Tritiumkonzentrationen beziehen sich auf den Zeitpunkt der Probenahme (1966).

Mit 485 T.E. wurde für das Regenwasser der erwartet höchste T-Gehalt bestimmt, der sich nur unwesentlich von den Tritiumkonzentrationen von Zillierbach- und Talsperrenwasser unterscheidet. Folglich besteht der größte Teil des Bach- und Sperrenwassers aus jungem

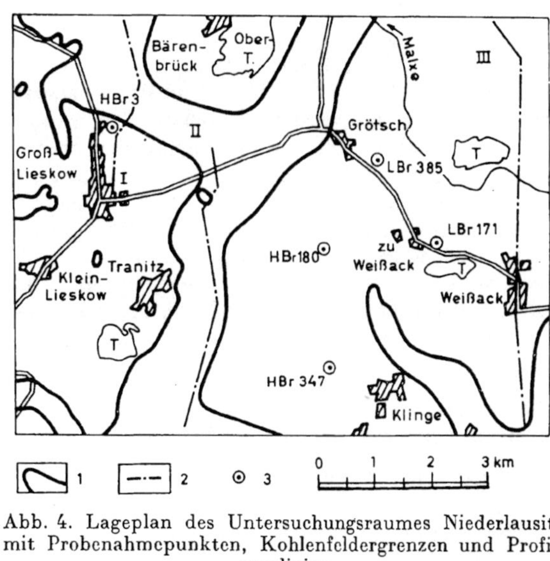


Abb. 4. Lageplan des Untersuchungsraumes Niederlausitz mit Probenahmepunkten, Kohlenfeldergrenzen und Profilspurlinien

1 – Kohlenfeldergrenzen, 2 – N–S-Profile, 3 – Probenahmepunkte

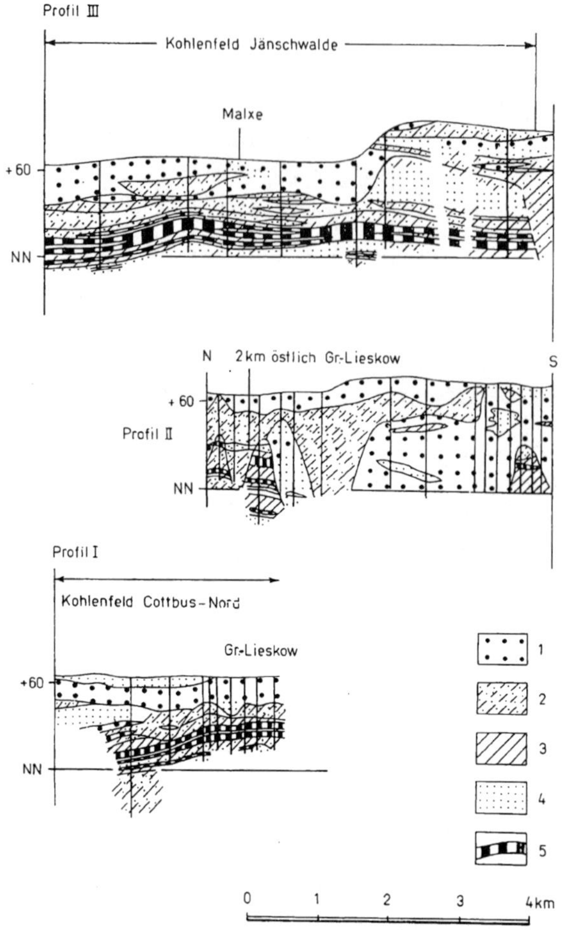


Abb. 5. Hydrogeologische Nord–Süd-Übersichtsprofile

1 – Mittelsande und gröbere Sedimente; 2 – Sande oder Kiese (lehmig, tonig, schluffig), Sande oder Kiese mit „Tonstreifen"; 3 – Tone, Lehme, Schluffe, „Letten"; 4 – Feinsande sowie stark feinsandige Mittelsande bis Kiese; 5 – Braunkohle

Niederschlagswasser. Dagegen ist der Anteil an Grundwasser mit niedrigem T-Gehalt aus dem Einzugsgebiet der Zilliertalsperre gering. Der im Vergleich zum Talsperrenwasser etwas höhere Wert des Zillierbaches ist wahrscheinlich darauf zurückzuführen, daß zum Zeitpunkt der Probenahme gerade ein höherer Anteil an abgeflossenem Regenwasser im Wasser des Zillierbaches vorhanden war.

Daß die Zilliertalsperre im Verlaufe eines Jahres in zweimaliger Folge je eine Stagnations- und Zirkulationsphase durchläuft, beweisen auch die in unterschiedlicher Wassertiefe entnommenen Proben mit annähernd gleichen T-Konzentrationen. Lediglich an der Oberfläche ist ein etwas erhöhter Tritiumgehalt gemessen worden, der sich dadurch erklären läßt, daß sich während der z. Z. der Sommerstagnation vorgenommenen Probenahme tritiumreiches Wasser aus dem Zillierbach und aus dem unmittelbar über der Sperre gefallenen Niederschlag nur in der oberen Wasserschicht ansammelte. Der hohe Tritiumgehalt der Grundwasserprobe 1 zeigt an, daß der Entnahmeort jüngeres Grundwasser führt, das zweifellos durch eine lokale Verbindung (Störung) aus oberflächennahen Bereichen zugeführt wurde. Die anderen Grundwasserproben liegen mit ihren T-Konzentrationen um eine Größenordnung tiefer, und gerade die der Talsperre am nächsten gelegenen Probenpunkte 3 und 4 zeigen mit 28 bzw. 23 T.E. die kleinsten Tritiumgehalte. Somit ist der Beweis erbracht, daß im Tropfwasser nur sehr wenig junges Wasser, das entweder dem Niederschlag oder der Sperre entstammt, enthalten ist.

Unter Verwendung des mittleren T-Gehaltes der Proben 3 und 4 erhält man mittels der Darstellung in Abb. 2 eine mittlere Durchgangszeit von 11—13 Jahren nach dem „piston-flow"-Modell und von nahezu 14 Jahren nach dem Dispersionsmodell. Somit kann das der Tropfstelle entnommene Wasser als Niederschlagswasser gedeutet werden, das vor ca. 13 Jahren in den Grundwasserbereich eingedrungen ist.

### 3.2. Niederlausitzer Braunkohlengebiet

Im Verbreitungsgebiet der Braunkohlenfelder Cottbus-Nord und Hornow—Jänschwalde wurden Grundwasserproben aus fünf Brunnen auf ihren Tritiumgehalt untersucht. Dabei bieten drei Brunnen Entnahmemöglichkeiten aus dem Grundwasserstockwerk im Hangenden und zwei Brunnen aus dem Liegenden des allgemein als Stauer aufgefaßten Lausitzer Unterflözkomplexes mit seinem Begleitton.

#### 3.2.1. Geologisch-hydrogeologische Situation

Die betrachteten Teilbereiche der Kohlenfelder Cottbus-Nord und Hornow—Jänschwalde liegen im Gebiet des Baruther Urstromtales sowie des Nordrandes der warthestadialen Hochfläche. Die Liegendsedimente des 2. Lausitzer Flözhorizontes werden von den unteren Briesker Schichten (überwiegend Feinsand und Schluff) gebildet. Der Komplex der Hangendsedimente umfaßt tertiäre (obere Briesker Schichten) und pleistozäne Bildungen (vorwiegend Sande des Urstromtales, der südlichen Hochfläche sowie saalezeitliche Geschiebemergel, Abb. 5).

Die Durchlässigkeitsverhältnisse der Deckschichten können im Untersuchungsgebiet für die Teilräume

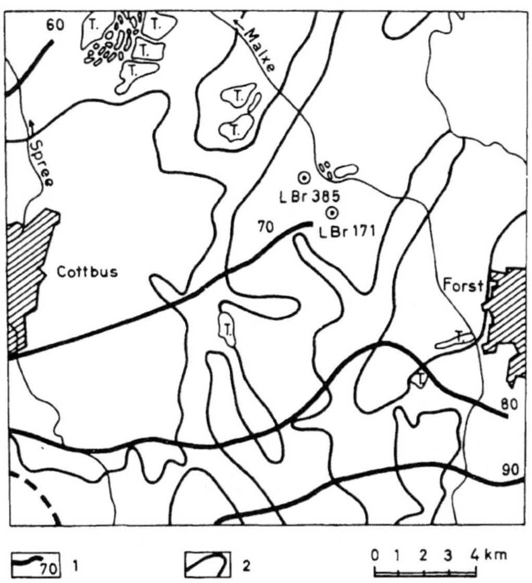


Abb. 6. Hydroisohypsenplan des Grundwassers im Liegenden des Lausitzer Unterflözes
1 — 10-m-Isohypsen, 2 — Kohlenfeldergrenzen

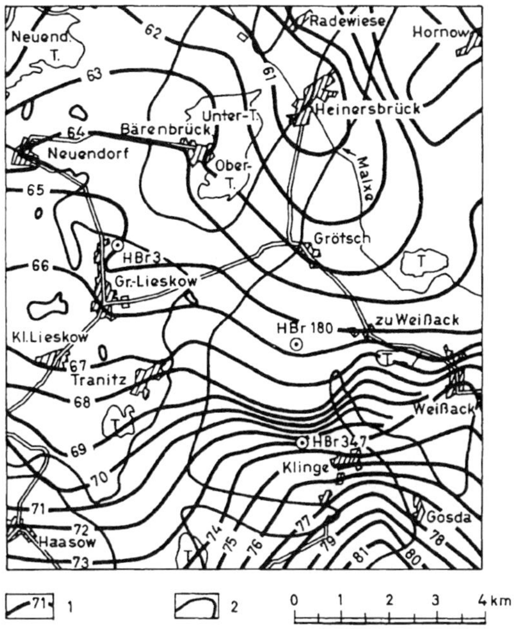


Abb. 7. Hydroisohypsenplan des Grundwassers im Hangenden des Lausitzer Unterflözes
1 — 1-m-Isohypsen, 2 — Kohlenfeldergrenzen

Weißack—Grötsch—Klinge mit einem $k_f$-Wert von 1—4 · $10^{-4}$ m/s und für den Teilraum Groß-Lieskow mit 8—9 · $10^{-4}$ m/s für den Pleistozän-Bereich sowie 2 · $10^{-4}$ m/s für das Tertiär angenommen werden; für die grundwasserleitenden Liegendsedimente liegen sie häufig bei 1 · $10^{-4}$ m/s (Schwankungsbereich 3,5 bis 14 · $10^{-5}$ m/s).

Die aus der leider nur groben Darstellung der Liegendgrundwasserströmungsverhältnisse (Abb. 6) ableitbare Grundwasserfließrichtung ist ebenfalls im Hangenden des Lausitzer Unterflözes erkennbar, wenn das auch durch eine teilweise Auffächerung in eine Nord- und lokal in eine Nordostrichtung abgeschwächt wird (Abb. 7).

#### 3.2.2. Meßergebnisse und ihre Interpretation

Die aus Tab. 4 ersichtlichen Tritiumkonzentrationen liegen im Kohlenfeld Hornow—Jänschwalde mit ihren Einzelwerten zwischen 9,3 und 17,4 T.E. und weisen keinen Unterschied zwischen dem Hangend- und Liegendgrundwasser aus, so daß damit eine hydraulische Verbindung beider Grundwasserstockwerke belegt wird, die durch das Vorhandensein von Ausräumungszonen sowie durch stellenweise vorhandene hydraulische Zu-

Tab. 4. Tritiumkonzentrationen von Grundwässern der Kohlenfelder Cottbus-Nord und Hornow—Jänschwalde

| Braunkohlenfeld | Entnahmeort | Datum der Entnahme | Tritiumkonzentration (T. E.) |
|---|---|---|---|
| Cottbus-Nord | HBr 3 | 20. 8. 1965 | 50,0 ± 1,8 |
| Hornow—Jänschwalde | HBr 180 | 22. 7. 1965 | 14,3 ± 1,3 |
| | HBr 347/I | 27. 5. 1966 | 12,2 ± 0,6 |
| | HBr 347/II | 17. 5. 1966 | 10,2 ± 0,7 |
| | LBr 385 | 28. 3. 1966 | 17,4 ± 1,1 |
| | LBr 171 | 29. 4. 1966 | 9,3 ± 0,4 |

sammenhänge durch das Niederlausitzer Unterflöz hindurch bedingt ist.

Die Tritiumkonzentrationen im Hangendbereich des Feldes Cottbus-Nord liegen bei 50 T.E.

Die Problematik der hydraulischen Zusammenhänge zwischen dem Hangend- und Liegendgrundwasser beschäftigte den Niederlausitzer Braunkohlenbergbau schon immer. Die Grundwasserströmungsanalysen ergaben, wie auch im vorliegenden Beispiel gezeigt wird, immer einen Nachweis der generellen hydraulischen Zusammenhänge.

Die Isotopenanalyse konnte nun jedoch zeigen, daß keine deutlichen Altersunterschiede zwischen den Grundwässern beider Leiterkomplexe zu verzeichnen sind. Das deutet auf weitgehende Austauschprozesse und Verbindungsverhältnisse auch im Bereich flächenhaft ausgebreiteter Kohlenfelder hin, eine Auffassung, die ohne die Ergebnisse der Isotopenanalyse nicht aufkommen würde.

Neben diesen wichtigen, auch technologisch auswertbaren neuen Erkenntnissen können angenäherte Rückschlüsse auf die Verweildauer der auftretenden Grundwässer gezogen werden. In erster Annäherung ergeben sich Verweilzeiten zwischen 10 und 14 Jahren. Die Infiltration der geförderten Hangend- und Liegendwässer hat demnach zwischen 1952 und 1955 stattgefunden. Dieser Befund ist besonders für die Liegendwässer außerordentlich bedeutsam, widerlegt er doch die Auffassung von den außergewöhnlich langen Verweilzeiten, die für das Liegendgrundwasser angenommen werden. Auch legt der Befund mit dem relativ geringen Alter der Liegendgrundwässer die Annahme nahe, daß eine Ernährung nicht nur im Bereich der Ausräumungszonen erfolgt.

## 4. Einschätzung der Tritiummethode

Die Tritiummethode besitzt gegenüber inaktiven Tracern, wie z. B. $^{18}O$ und Deuterium, eine wesentlich größere Nachweisempfindlichkeit und liefert aussagekräftige Ergebnisse, deren Verfälschungsmöglichkeiten gering sind. So treten im Gegensatz zu künstlichen radioaktiven Tracern keine Adsorptions- und Absorptionseffekte auf, da sich titriertes und gewöhnliches Wasser nur unwesentlich unterscheiden.

Voraussetzung für die Anwendung der Tritiummethode ist allerdings das Vorhandensein einer Meßapparatur, an die auf Grund der geringen Tritiumkonzentrationen sehr hohe meßtechnische Anforderungen gestellt werden müssen. Des weiteren sind In-situ-Messungen nicht möglich.

Die Durchführung erster praktischer Untersuchungen natürlicher Tritiumkonzentrationen bei hydrogeologischen Problemstellungen in der DDR weisen nachdrücklich die günstigen Anwendungsmöglichkeiten dieses Verfahrens nach. Schon mit geringem Probenaufwand können bei Vorliegen bestimmter Problemsituationen wesentliche Aussagen gewonnen werden. Eine entscheidende Aussageerweiterung der Isotopenverfahren kann jedoch einmal durch langzeitige Untersuchungen des Tritiumgehaltes und gelegentlich auch durch die Kombination mit anderen Isotopenanalysen ($^{18}O$, D, $^{14}C$) erreicht werden.

## Zusammenfassung

Tritiumbestimmungen an natürlichen Wässern erlauben Datierungen und genetische Vorstellungen. Nach Erläuterungen von Grundlagen und Modellbetrachtungen werden Anwendungen der Tritiummethode in paläozoischen Kluftgrundwasserleitern und känozoischen Lockergesteinsgrundwasserleitern beschrieben. Trotz Datierungsschwierigkeiten konnten die Fragen nach der Herkunft der untersuchten Grundwässer geklärt werden.

## Резюме

Определения трития в природных водах позволяют сделать датировки и генетические соображения. После объяснений основ и модельных рассмотрений описываются применения тритиевого метода в палеозойских трещинных водоносных горизонтах и кайнозойских водоносных горизонтах среди рыхлых пород. Несмотря на осложнения в отношении датировки, удалось выяснить вопрос о происхождении исследованных грунтовых вод.

## Summary

From determinations of tritium in natural waters datings and genetic conceptions can be derived. A discussion of the bases and model considerations is followed by a description of the tritium method as applied to Palaeozoic joint aquifers and Cainozoic ground aquifers. Although difficulties of dating them arose, problems associated with the origin of the ground waters investigated could be elucidated.

## Literatur

BEGEMANN, F.: Der „natürliche" Tritiumhaushalt der Erde und die Frage seiner zeitlichen Variation. — Chimia, **16**, 1 (1962).

BUTTLAR, H. v., & W. F. LIBBY: Natural distribution of cosmic ray produced tritium, II. — Tellus, X, 478 (1958).

CRAIG, H.: Distribution, production rate, and possible solar origin of natural tritium. — Phys. Rev., **105**, 1125 (1957).

FLORKOWSKI, T.: Isotopes in hydrology. — IAEA, Wien 1967.

FRÖHLICH, K.: Entwicklung und Erprobung einer Tritiumapparatur und die Anwendung der Tritiummethode zur Untersuchung der Herkunft von Grubenwasser einer Eisenerzgrube. — Unveröff. Diss. Bergakad. Freiberg, Freiberg 1968.

GILETTI, B. J., BAZAN & KULP: The geochemistry of tritium. — Trans. Amer. Geophys. Un., **39**, 807 (1958).

KAUFMANN, W. J., & W. LIBBY: The natural distribution of tritium. — Phys. Rev., **93**, 1337 (1954).

LIBBY, W. F.: Tritium in nature. — J. Wash. Acad. Sc., **45**, 301 (1955).

MILDE, G.: Die Bedeutung der Liegendgrundwasserverhältnisse in der Lausitz für die gegenwärtige und zukünftige Nutzung der Braunkohlenlagerstätten. — Bergbautechnik, **17**, 9 (1967).

— Die Hydrogeologie des östlichen Baruther Urstromtales. — Freiberger Forsch.-H., A 391, Leipzig 1966.

MÜNNICH, K. O.: Die $C^{14}$-Methode. — Geol. Rdsch., **49**, 1, 237 (1960).

NIR, A.: On the interpretation of tritium „age"-measurements of groundwater. — J. Geophys. Res., **69**, 2589 (1964).

ÖSTLUND, H. G., & E. WERNER: The electrolytic enrichment of tritium and deuterium for natural tritium measurements. — Tritium in the physical and biological sciences, Vol. I, Wien 1962.

SCHROLL, E., V. RAJNER & O. ZELLHOFFER: Über radiophysikalische Altersdatierung des Grundwassers. — Österr. Wasserwirtsch., **19**, Nr. 1—2, 8 (1967).

TAMERS, M. A.: Liquid scintillation counting of low level tritium. — Packard Technical Bulletin, Nr. 12 (1964).

THATCHER, L. L., & B. R. PAYNE: The distribution of tritium in precipitation over continents. — Proc. 6th Radiocarbon and Tritium Conf. Pullman, 604 (1965).

THEODORSSON, P.: The use of natural tritium for groundwater studies. — Symp. on the use of isotopes in hydrology, SM—83/26, Wien 1966.

# Der Pariser-Horizont im Travertinprofil von Ehringsdorf bei Weimar und seine Genese

WALTER STEINER, Weimar

## 1. Einleitung

In den Jahren 1967 und 1968 wurde im Travertinlager von Weimar-Ehringsdorf eine geologische Erkundung notwendig, da eine optimale Nutzung des Travertins zu Werkstein und zur Kalkhydratproduktion angestrebt wurde. Über die geologischen und gesteinsphysikalischen Ergebnisse dieser Erkundungsarbeiten wurde und wird an anderer Stelle berichtet (WAGENBRETH, STEINER, FREYBURG & LANGE 1969 und 1970; WAGENBRETH & STEINER 1970; STEINER & WAGENBRETH 1970, STEINER 1970).

Parallel zu den Bohrkernaufnahmen erfolgte eine geologische Dokumentation der sich ständig verändernden Bruchwände im Kalkwerk Ehringsdorf. Ziel dieser Aufnahmen war die geologisch-petrographische Analyse des Pariser-Horizonts, der den Unteren vom Oberen Travertin trennt und mit einer Mächtigkeit bis 2 m in seiner tonigschluffigen Ausbildung erheblichen Einfluß auf die Qualität des Haufwerks und des Endprodukts der Kalkhydratproduktion ausübt.

Gegen Ende der Erkundungsarbeiten fand 1968 in Weimar das durch Dr. Dr. KAHLKE veranstaltete III. Internationale Paläontologische Kolloquium über das Ehringsdorfer Profil statt. Dadurch kamen Diskussionen über stratigraphisch-genetische Fragen wieder verstärkt in Gang. Fragen zur Genese des Parisers spielten eine nicht geringe Rolle (STEINMÜLLER 1968). Aus diesem Grunde haben in den nachfolgenden Monaten der Jahre 1968 und 1969 umfangreiche Bruchdokumentationen speziell der Klarung dieser Problematik gedient. Herrn Dipl.-Geol. P. LANGE habe ich für Unterstützung zu danken. Eine komplexe Darstellung der Dokumentationsarbeiten erfolgt in der Ehringsdorf-Monographie 1970/71. Hier sollen in Form einer genetischen Prozeßfolge des Pariser Horizonts die Ergebnisse zusammengefaßt vorgelegt werden. Den Herren Prof. Dr. MÜLLER-BECK, Dr. WAGENBRETH, Dr. WIEFEL, Dr. RAU und Dr. MANIA sei für zahlreiche Anregungen gedankt.

## 2. Die Prozeßabfolge bei der Sedimentation des Pariser-Horizonts

Die Rekonstruktion der Prozeßabfolge beginnt mit den obersten Partien des Unteren Travertins.

#### Schlußphase der Bildung des Unteren Travertins

Ein schnelles Wachstum der letzten Bänke des Unteren Travertins wird durch aufrecht stehende Pflanzenstengel angedeutet. In diesen Travertinen finden sich

Abb. 1. Travertinprofil im Steinbruch des VEB Kalkwerk Ehringsdorf (Ende 1968)
UT = Unterer Travertin; P = Pariser; PP = Einlagerungen des Pseudoparisers im Oberen Travertin

Gerölle von Muschelkalk, Quarzporphyr und Porphyrit, z. T. in Schnüren angeordnet. In einer Travertinsandlinse konnte MANIA eine typische mitteleuropäische Waldmolluskenfauna bestimmen.

Die obersten Partien des Unteren Travertins sind durch Dunkelfärbungen und Humusanreicherungen charakterisiert, die aber nicht überall vorhanden sind. Es muß offenbleiben, ob diese primär nicht überall abgelagert oder durch spätere Abtragungsprozesse beseitigt wurden. Lokal lagerten sich über diesen schwarzen Travertinen noch einige Dezimeter gelblicher Travertin ab. In diesen obersten Bereichen des Travertins wurde eine Molluskenfauna gefunden, die auf offene Landschaft und Waldsteppe hinweist.

#### Lösungs- bzw. Abtragungsperiode

a) Auf die Bildung des Unteren Travertins folgt eine Schichtlücke. Lösungsvorgänge und (bzw.) Prozesse der Erosion führten zu Abtragungen. Auf dem Unteren Travertin ist eine wellige Oberfläche festzustellen. Die Bankung des Unteren Travertins stößt diskordant an dieses Relief.

b) Lösungsprozesse bewirkten eine Glättung des neuen Reliefs und erweiterten vorhandene Klüftungen. Es entstanden Spalten bis einige Dezimeter Breite. Ob bei der Primäranlage dieser Spalten tektonische oder atektonische Vorgänge (Subrosionsprozesse im Untergrund) eine Rolle spielten, ist aus der jetzigen Situation nicht zu entscheiden.

c) Gegen Ende dieser Periode kam es auf diesem neuen Relief, zumindest lokal, zu einer geringen Kalkausscheidung in Form einer einige Millimeter mächtigen Kalksinterschicht.

#### Periode mit differenzierten Sedimentationsvorgängen = Bildung des Pariser-Horizonts

In dieser Phase wurde das neuentstandene Relief mit pelitischen und grobklastischen Pariser-Sedimenten überzogen. Die Prozeßabfolge konnte wie folgt abgeleitet werden:

a) Sedimentation von kalkigen Peliten

Es lagerten sich lößartige Schluffe mit maximalen Mächtigkeiten von 2—3 m ab. Die großen Mächtigkeiten scheinen sich auf rinnen- bzw. senkenartige Vertiefungen zu beschränken.

An der Basis finden sich gelegentlich humose Anreicherungen. Tonige Lagen erweisen sich z. T. als umgelagerte Keuperletten. Die Herkunft der Pariser Schluffe ist mehrdeutig. Es kann sich um umgelagerte ältere bzw. weitgehend zeitgleiche Löße handeln. Ebenso können umgelagerte ältere schluffige Terrassensedimente am Aufbau dieses Parisersubstrats beteiligt sein. Als Umlagerungsart wären Hangabschwemmungen durch Wasser bzw. periglaziale Solifluktion möglich. Auch die Möglichkeit echter fluviatiler Sedimentation ist diskutiert worden. STEINMÜLLER (1968) deutete die Entstehung dieser Pariser-Schluffe vorwiegend als Rückstände chemischer Lösungsprozesse.

Eingang des Manuskripts in der Redaktion: 12. 9. 1969.

b) Sedimentation von grobklastischen Sedimenten

Gleichzeitig mit der Ablagerung dieser Pariser-Schluffe kam es zur Sedimentation von grobklastischen Komponenten. Einzeln eingestreut und schicht- bzw. nesterartig angehäuft treten Gerölle und eckige Gesteinsstücke auf. Örtlich tritt das schluffige Bindemittel zurück; es entstehen Geröll- und Grobschuttschichten. Die Gerölle sind größtenteils nicht eingeregelt.

Folgende Gerölle wurden gefunden: Nordisches Material: Feuerstein und nordisches Kristallin; Thüringer-Wald-Material: Terrassenschotter der Ilm aus gerundeten Quarzporphyren, Porphyriten, Tuffen, Melaphyren und Rotliegendsandsteinen; Material der näheren Umgebung: Muschelkalk-, Keupersandstein- und Keupermergelkalkgerölle aus Ilmschottern; eckige Muschelkalk- und Keupergesteinsstücke vom Hang; Travertinbrocken und ganz selten Einzelknochen von eiszeitlichen Großsäugern (vor allem Zähne).

Die Travertinbrocken in den Grobschuttschichten treten in zwei Typen auf. Einmal handelt es sich um scharf begrenzte Blöcke von gelbem Banktravertin bis 1 m Größe. Es sind eindeutig umgelagerte Travertinblöcke aus dem Bereich des Unteren Travertins. Daraus ergibt sich die Schlußfolgerung, daß z. Z. der Pariser-Sedimentation an anderer Stelle der Untere Travertin frei gelegen hat und abgetragen worden ist. Ein anderer Typ von eingelagerten Travertinstücken besteht aus bizarr umgrenzten Travertinkörpern mit fließenden Übergängen zu der umgebenden schluffigen Matrix. Es scheinen eingedriftete kalkumkrustete Moosaggregate zu sein.

Zur Sedimentationsart dieser grobklastischen Sedimente ist folgendes zu sagen: Fluviatile Sedimentation sowie periglaziale Bewegungsprozesse werden vermutlich auszuschalten sein, da keinerlei Gerölleinregelung bzw. Schichtung beobachtet werden konnte. Die Sedimentstrukturen scheinen auf eine episodisch-impulsive Sedimentation hinzuweisen.

c) Synsedimentäre Kalkverfestigungen

Die Ablagerung der bisher beschriebenen Pariser-Sedimente erfolgte im kalkigen Milieu, d. h. unter fortgesetzter oder wiedereingesetzter, wenn auch verminderter Schüttung der Kalkwasserquellen. Die Folge war ein hoher Kalkgehalt der sich ablagernden klastischen Pariser-Sedimente. Oft wurde der Kalkgehalt so hoch, daß sich millimeter- bis dezimetergroße Ton-Kalk-Konkretionen ausschieden (lößkindelartig). Diese Kalkausscheidungen traten dort auf, wo Quellwasserrinnen entlangrieselten. Diese Rinnsale verlagerten ihren Lauf, so daß verstärkte Kalkausscheidungen in unterschiedlichen stratigraphischen Positionen des Pariser-Profils auftreten. Am häufigsten finden sich diese Kalkkonkretionen in den basalen Partien, weiterhin vor allem dort, wo verstärkt gröberklastische Einschaltungen (gute Zirkulation) vorhanden sind.

In den Bereichen ständig fließender Kalkquellwässer herrschte eine derartig starke Kalkzufuhr, daß sich die sedimentierenden pelitischen Komponenten mit dem sich ausscheidenden Kalk zu einem schluffig-tonigen Travertin verbanden, dem sogenannten „Pariser-Travertin". Dieser ist bankartig in verschiedenen Niveaus des Parisers entwickelt, kann aber auch fast den gesamten Pariser-Horizont einnehmen.

#### Verwitterungsphase und Bodenbildung

Örtlich finden sich an der Oberfläche der Pariser-Travertine deutlich Spuren von chemischer Verwitterung, nämlich taschen- und keilförmige Vertiefungen. Die Grenzfläche weist viele Merkmale von Lösungsoberflächen auf. Von diesen Beobachtungen her ist die Ableitung STEINMÜLLERs (1968) berechtigt, daß zumindest ein Teil der oberen Partien des Pariser-Schluffs tatsächlich ein Lösungsrückstand ist.

Diese Phase chemischer Verwitterung führt schließlich zu deutlichen Bodenbildungen, die in der Regel direkt unter dem Oberen Travertin die Oberkante des Parisers bilden. Diese Bodenbildung ist im Ehringsdorfer Steinbruch unterschiedlich entwickelt. Im Bereich der großen Mächtigkeiten des schluffig-tonig entwickelten Parisers hat sich eine deutliche Parabraunerde gebildet. In Senkengebieten handelt es sich um eine stark tonige kalkfreie Unterwasserbodenbildung. In den Bereichen des Parisers mit starker Führung von Kalkkonkretionen bzw. Pariser-Travertin ist in der Regel eine Rendzina ausgebildet.

#### Beginn der Travertinbildung in Senkenbereichen

Die Bodenbildung auf dem Pariser zeigt eine Schichtlücke an, über deren Dauer keine konkreten Angaben zu machen sind. In Senkenbereichen beginnt schließlich

Hang nach Belvedere

Abb. 2. Typusprofile des Pariser-Horizonts im Travertinprofil von Ehringsdorf bei Weimar
Die einzelnen Profile sind zu beziehen auf die SE- (links) und die SW-Wand (rechts) im großen Steinbruch des VEB Kalkwerk (Stand Anfang 1969).
Die römischen Ziffern (im Kreis) bezeichnen die genaue Lage der untenstehenden Profile.

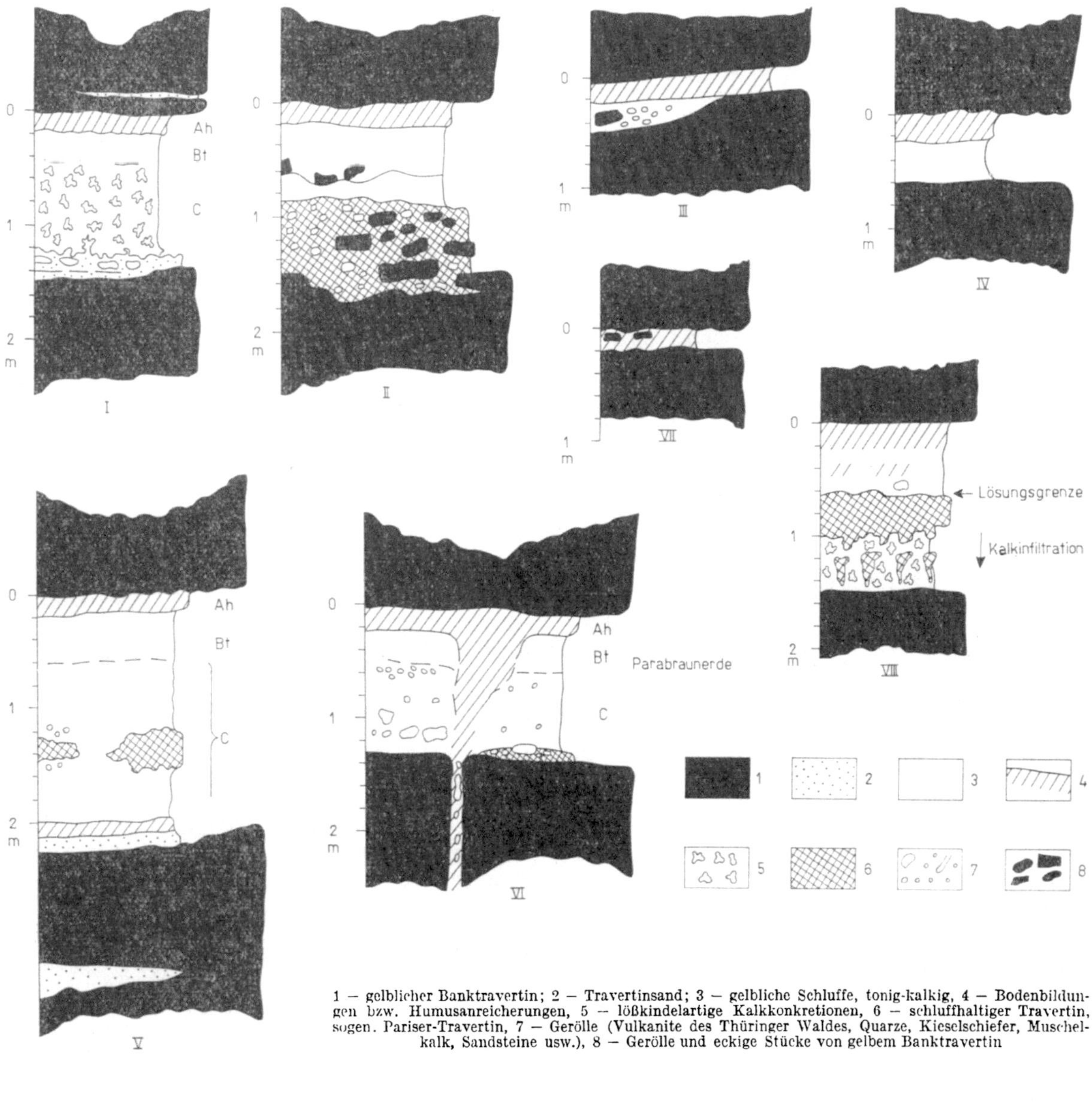


1 – gelblicher Banktravertin; 2 – Travertinsand; 3 – gelbliche Schluffe, tonig-kalkig, 4 – Bodenbildungen bzw. Humusanreicherungen, 5 – lößkindelartige Kalkkonkretionen, 6 – schluffhaltiger Travertin, sogen. Pariser-Travertin, 7 – Gerölle (Vulkanite des Thüringer Waldes, Quarze, Kieselschiefer, Muschelkalk, Sandsteine usw.), 8 – Gerölle und eckige Stücke von gelbem Banktravertin

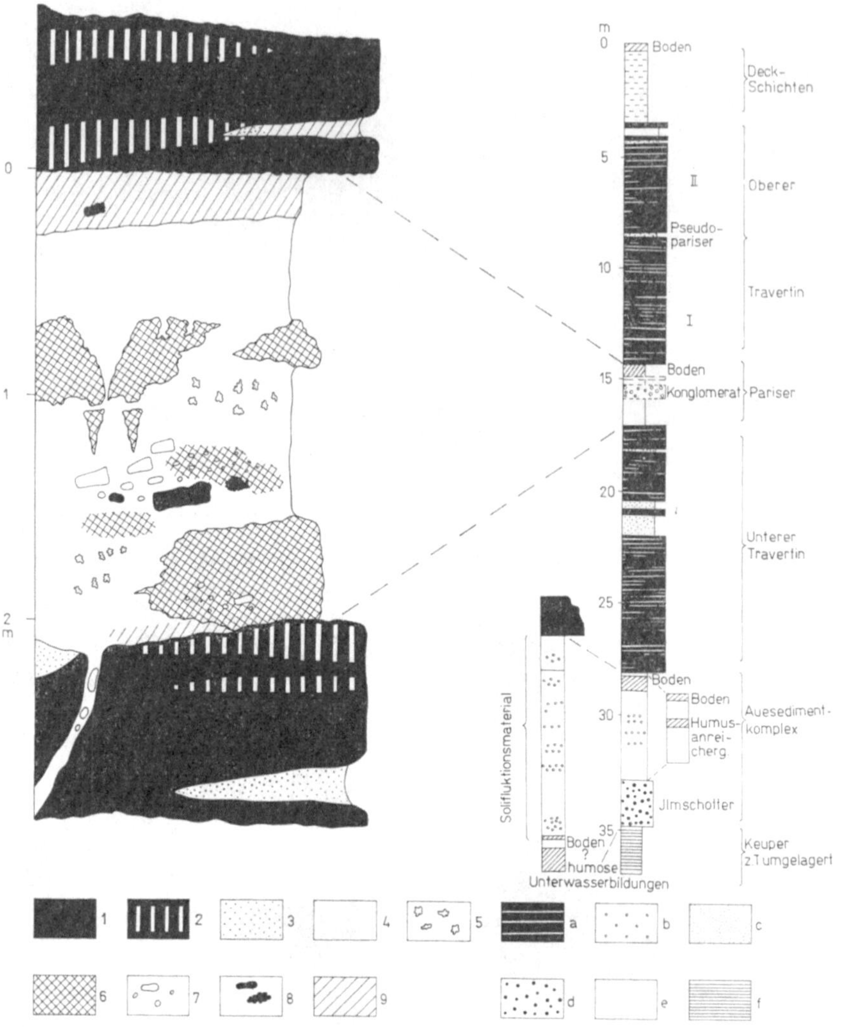


Abb. 3. Gesamtprofil des Quartärs von Ehringsdorf nach Kernbohrungen 1968 (rechts) und idealisiertes Sammelprofil des Pariser-Horizontes (links)

1 – gelblicher Banktravertin; 2 – graue bis schwarzgraue humose Travertinlagen; 3 – Travertinsande; 4 – gelbliche Schluffe, pelitische Ausbildung des Parisers; 5 – lößkindelartige Kalkkonkretionen; 6 – dichter schluffiger gelblich-grauer Kalk – sogen. Pariser-Travertin; 7 – grobklastische Einlagerungen. Gerölle und untergeordnet eckige Stücke von Muschelkalk, Quarzporphyr, Quarz, Feuerstein etc.; 8 – Gerölle (oben) und Knauern (unten) aus gelblichem Banktravertin; 9 – Bodenbildung; Parabraunerden und Rendzinen bzw. Humusanreicherungen
a – Banktravertin, mit Schichtfugen; b – Geröllführung; c – Travertinsand; d – Kiessand; e – schluffig-tonige Lockersedimente; f – Keuperletten bzw. Schluffsteine

die Bildung normaler Banktravertine. Diese ersten Travertine sind charakterisiert durch eine feste bankige Ausbildung (Bankfugen stoßen diskordant an den Pariser), aufrechte Stengel bis 20 cm Länge sowie eingelagerte schwarzgraue Travertinlagen (Humuseinschwemmungen). Nachdem sich 1–2 m gelb-dunkelgrau gebänderte Travertine in den Senken abgelagert hatten, somit ein weitgehend ebenes Relief entstanden war, konnte sich der Obere Travertin großflächig über den gesamten Bereich des Ehringsdorfer Travertinfeldes ausbilden.

#### Bildung der flächenhaft verbreiteten Oberen Travertine

Die unteren Meter des Oberen Travertins wurden vorwiegend als feste massige Banktravertine abgelagert. In den unteren 2 m finden sich noch immer rhythmisch eingelagerte humose graue Travertinlagen. Die aufgefundenen Mollusken-, Ostracoden- und Kleinsäugerfaunen (bearbeitet von MANIA, DIEBEL und JANOSSY) wiesen auf ein gemäßigtes bis wärmeres Klima zur Zeit der Bildung dieser Schichten hin.

Fragen der stratigraphischen Zuordnung der einzelnen Prozeßabschnitte in die differenzierte Gliederung des Pleistozäns sollen hier nicht diskutiert werden. Es gilt, noch eine ganze Reihe weiterer Arbeiten abzuwarten, bevor die bisher erörterten Meinungen zur Genese des Parisers bestätigt, ergänzt oder revidiert werden können (WÜST 1908, SOERGEL 1926, WIEGERS 1928, KAHLKE 1958, BEHM-BLANCKE 1960 u. 1967, STEINMÜLLER 1968, STEINER 1969, WAGENBRETH & STEINER 1970).

## Zusammenfassung

Aus geologischen Bruchdokumentationen wird folgende differenzierte Prozeßabfolge bei der Genese des Pariser-Horizonts im Travertinprofil von Ehringsdorf bei Weimar abgeleitet: Abtragungs- und Lösungsprozesse auf der Oberfläche des Unteren Travertins, eine Periode sehr differenzierter Sedimentationsprozesse (Sedimentation von kalkigen Peliten und von grobklastischen Komponenten, Entstehung synsedimentärer Kalkverfestigungen) und eine Periode mit Verwitterungsprozessen und Bodenbildungen. Die Ablagerung des Oberen Travertins beginnt in Senkenbereichen.

## Резюме

На основе геологических документаций карьеров была выведена следующая последовательность процессов при происхождении Парижского горизонта в Эрингсдорфском разрезе травертина около Веймара: процессы сноса и растворения на поверхности нижнего травертина, период очень дифференцированных седиментационных процессов (седиментация известковых пелитов и грубообломочных компонентов, происхождение синседиментационных уплотнений известняка) и период с процессами выветривания и образования почв. Отложение верхнего травертина начинается в участках опусканий.

## Summary

From geological fracture documentations the following differentiated sequence of process is derived for the genesis of the Parisian horizon in the travertine profile of Ehringsdorf near Weimar: processes of erosion and solution on the surface of the Lower Travertine, a period of very differentiated processes of sedimentation (sedimentation of calcareous pelites and coarse-clastic components, formation of synsedimentary lime consolidations), and a period involving weathering processes and soil formations. The deposition of the Upper Travertine begins in areas of depression.

## Literatur

BEHM-BLANCKE, G.: Altsteinzeitliche Rastplätze im Travertingebiet von Taubach, Weimar, Ehringsdorf. – Alt-Thüringen, 4, Weimar 1960.
– Zur Datierung der altsteinzeitlichen Artefakte von Ehringsdorf bei Weimar. – Ausgrabungen und Funde, 12, 5, 247–251, Berlin 1967.
GUENTHER, E. W.: Feinstratigraphische Untersuchung einer Zwischenschicht und der Deckschichten der Travertine von Ehringsdorf. – Alt-Thüringen, 3, Weimar 1958.
HAHNE, H., & E. WÜST: Die paläolithischen Fundschichten und Funde der Gegend von Weimar (WÜST: Die Fundschichten, HAHNE: Die Funde). – Centralbl. Min., Geol. Paläont., 197–210, Stuttgart 1908.
KAHLKE, H.-D.: Die jungpleistozänen Säugetierfaunen aus dem Travertingebiet von Taubach–Weimar–Ehringsdorf (Vorbericht). – Alt-Thüringen, III, 97, 130, Weimar 1958.
SOERGEL, W.: Exkursion ins Travertingebiet von Ehringsdorf. – Paläont. Z., 8, 7–33, Berlin 1926.
– Das diluviale System. I. Die geol. Grundlagen der Vollgliederung des Eiszeitalters. – Fortschr. Geol. u. Paläont., XII, 39, 115, Berlin 1939.
STEINER, W.: Die Prozeßabfolge bei der Genese des Pariser-Horizontes im Travertinprofil von Ehringsdorf bei Weimar. – Wiss. Z. Hochsch. Architektur u. Bauwesen Weimar, 16, 6, Weimar 1969.
– Zur geologischen Dokumentation des Pariser-Horizontes im Travertinprofil von Ehringsdorf. – Paläontol.-Abh. 1970 (im Druck).
STEINER, W., & O. WAGENBRETH: Zur geologischen Situation der altsteinzeitlichen Rastplätze im Unteren Travertin von Ehringsdorf bei Weimar. – Alt-Thüringen, 1970 (im Druck).
STEINMÜLLER, A.: Der Pariser-Horizont von Weimar-Ehringsdorf. – Vortrag auf d. III. Internationalen Paläontologischen Kolloquium „Das Pleistozän von Weimar-Ehringsdorf – Zum Ablauf des letzten Interglazials im europäisch-asiatischen Raum", 1968. – Paläont. Abh. (1970) (im Druck).
WAGENBRETH, O., & W. STEINER: Zur Feinstratigraphie und Lagerung des Pleistozäns von Ehringsdorf bei Weimar. – Vortrag auf d. III. Intern. Paläont. Kolloquium „Das Pleistozän von Weimar-Ehringsdorf – Zum Ablauf des letzten Interglazials im europäisch-asiatischen Raum", 1968. – Paläont. Abh. (1970) (im Druck).
WAGENBRETH, O., W. STEINER, P. LANGE & E. FREYBURG: Aufgaben, Methoden und Ergebnisse einer geologischen Komplexerkundung im Travertin von Weimar-Ehringsdorf. – Wiss. Z. Hochsch. Architektur und Bauwesen Weimar, 16, 1, Weimar 1969.
– Über eine Komplexerkundung des Travertins von Weimar-Ehringsdorf als Rohstoff für die Industriekalkhydrat- bzw. Dekorationssteinproduktion. – Z. angew. Geol. (in Vorbereitung).
WIEGERS, F.: Geologie der Kalktuffe von Weimar. In: F. WEIDENREICH: Der Schädelfund von Weimar-Ehringsdorf. – G. Fischer Verl., 1–40, Jena 1928.
WÜST, E.: Die pleistozänen Ablagerungen des Travertingebietes der Gegend von Weimar und ihre Fossilbestände in ihrer Bedeutung für die Beurteilung der Klimaschwankungen des Eiszeitalters. – Z. Naturwiss., 82, 161–252, Halle (S). 1910.
ZEISSLER, H.: Vorbericht über die Molluskenfaunen der einzelnen Schichten des Ehringsdorfer Quartärs. – Alt-Thüringen, 3, 29–71, Weimar 1958.

# Die Tektonosphäre der Erde

## Ergebnisse und Aufgaben der Forschung

W. W. BJELOUSOW, Moskau

Der vorliegende Aufsatz versucht, die wichtigsten Ergebnisse darzustellen, die bei der Untersuchung von Stoff, Bau und Entwicklungsprozessen der Erdkruste und des oberen Mantels (d. h. der Tektonosphäre) im Zusammenhang mit dem internationalen „Projekt des oberen Mantels" (UMP) erzielt wurden. Diese Ergebnisse beruhen auf verschiedenen Methoden und beleuchten verschiedene Seiten der Prozesse im Erdinneren.

Die gestellte Aufgabe ist nicht leicht. Noch ist es verfrüht, über endgültige Ergebnisse zu sprechen, denn noch gibt es zahlreiche „weiße Flecke" in unseren Kenntnissen über das Erdinnere und Unklarheiten über die Beziehungen zwischen den verschiedenen Erscheinungen in der Erdkruste und dem oberen Mantel.

Man kann nur über Einzelergebnisse berichten, wobei jene ausgewählt werden, die einerseits am besten durch Faktenangaben begründet sind, und die andererseits die zentrale Frage des „Projekts des oberen Mantels" nach den Ursachen und dem Mechanismus der endogenen geologischen Prozesse, nämlich der tektonischen, magmatischen und metamorphen Prozesse, anscheinend am besten lösen helfen.

Schwierig wird unsere Aufgabe noch dadurch, daß die bestehenden großen Kenntnislücken über Stoff und Prozesse in den tieferen Krustenschichten und im Mantel erhebliche Meinungsverschiedenheiten zwischen den Wissenschaftlern hinsichtlich der wichtigsten Seiten des Geschehens im Erdinnern zur Folge haben. Es zeigt sich, daß ein und dieselben Fakten sehr verschieden ausgelegt und auf jeden Fall je nach der vertretenen Konzeption ihnen unterschiedliche Bedeutung beigemessen werden kann. Natürlich ist es notwendig, sich zu bemühen, die unterschiedlichen vorhandenen Standpunkte in einem solchen zusammenfassenden Aufsatz objektiv wiederzugeben. Das ist wohl kaum in vollem Maße möglich, da der Verfasser einer eigenen Einschätzung der vorhandenen Fakten nicht ausweichen kann. Wir sind anscheinend auf dem besten Weg, wenn wir weniger das Erreichte hervorheben, als vielmehr auf die ungelösten Fragen verweisen und Methoden zu ihrer Lösung aufzeigen. Und da es gegenwärtig weitaus mehr ungelöste als gelöste Probleme gibt, so bringt uns ein solches Herangehen eine Vielzahl von Diskussionsthemen.

Dieser Aufsatz enthält keine Hinweise auf Literaturquellen, da Hunderte von Aufsatzbezeichnungen, auf die man sich beziehen müßte, den Text zu sehr belasten würden. Die wichtigsten Quellen sind in den Monographien des Autors „Die Erdkruste und der obere Mantel der Kontinente" („Nauka", 1966) und „Die Erdkruste und der obere Mantel der Ozeane" („Nauka", 1968) zu finden.

### Der Stoffbestand der Kruste und des oberen Mantels

Bei der Untersuchung eines natürlichen Gegenstandes interessiert uns zuerst sein Stoffbestand. Dies gilt auch für die Untersuchung von Kruste und oberem Mantel der Erde

Aus: „Sowjetskaja geologija", Heft 1, S. 11–30 (1969).
Zwischenüberschriften von der Redaktion

Und hier wird klar, daß wir über den Stoffbestand der tieferen Erdkruste und der oberen Schichten des Mantels sehr wenig wissen. Es ist ein Paradoxon, daß wir die physikalischen Eigenschaften, die Struktur und die Entwicklungsprozesse dieser Bereiche untersuchen und fast nicht wissen, aus welchem Material sie bestehen. Unsere mehr oder weniger gesicherten Kenntnisse enden am Hangenden der „Granit"-schicht der Festlandskruste. Der obere Teil dieser Schicht streicht auf den kristallinen Schilden aus und ist durch viele Bohrungen unter sedimentärem Deckgebirge auf der Osteuropäischen und der Nordamerikanischen Tafel angetroffen worden. Der obere Teil der „Granit"schicht besteht annähernd zur Hälfte tatsächlich aus Graniten, die andere Hälfte besteht hauptsächlich aus Gneisen sowie aus anderen metamorphen und eruptiven Gesteinen. Geht man von petrologischen Angaben aus, so sollte man diese Schicht wahrscheinlich besser als Granit-Gneis-Schicht bezeichnen, obwohl sie in ihrer chemischen Zusammensetzung dem Granit nahekommt.

Die Zusammensetzung der tieferen Festlandkruste und der gesamten konsolidierten ozeanischen Kruste (d. h. ihrer zweiten und dritten Schicht) beurteilen wir vorwiegend nicht nach direkten chemischen und mineralogischen Angaben, sondern auf Grund von Ergebnissen einiger indirekter Methoden. Um so mehr haben indirekten Charakter die Angaben über die Zusammensetzung des oberen Mantels.

Ein Vergleich der Ausbreitungsgeschwindigkeiten seismischer Wellen im unteren Teil der Festlandkruste und in der dritten (wichtigsten) Schicht der ozeanischen Kruste mit elastischen Wellen verschiedener Gesteinsarten führte zur Ausgliederung der sogenannten „Basalt"-Schicht. Überwiegend wird angenommen, daß diese Schicht im Bereich der Kontinente die ganze untere Hälfte der Kruste einnimmt (und durch die CONRAD-Diskontinuität von der „Granit"-Schicht getrennt wird) und sich kontinuierlich in den Ozean erstreckt, wo sie die gesamte konsolidierte Kruste bildet, da in den Ozeanen die „Granit"-Schicht fehlt.

Es muß erstens hervorgehoben werden, daß das Wort „Basalt" in diesem Falle unglücklich gewählt wurde. Bei Kontinenten sollte man richtiger von einer Gabbroschicht sprechen, um nicht auf den Gedanken zu kommen, daß die „Granit"-Schicht jünger als die „Basalt"-Schicht und auf der Oberfläche der zuvor ausgeflossenen Basalte entstanden sei. Zweitens ist die Annahme einer Basaltschicht für die Festlandkruste nicht die einzig mögliche Lösung. Derzeitige Beobachtungen seismischer Erscheinungen bei vulkanischen Ausbrüchen sowie Laboruntersuchungen über die Entstehungsbedingungen von Basaltlaven zeigen, daß die von Vulkanen eruptierten Basalte nicht aus der Erdkruste, sondern aus tieferen Bereichen, nämlich aus dem oberen Mantel, stammen. Die Quelle dieser Laven befindet sich in einer Teufe von mindestens 50 km, und es ist sehr wahrscheinlich, daß sie bis zu einer Teufe von 200 km hinabreichen kann. In der Kruste können sich lediglich „Zwischenkammern" der Basaltmagmen auf ihrem Weg zur Oberfläche befinden.

Die in der „Basalt"-Schicht beobachteten Ausbreitungsgeschwindigkeiten seismischer Wellen (6,5—7,0 km/sek für Longitudinalwellen) können nicht nur an basisches magmatisches Gestein, sondern auch an metamorphe Gesteine mit hohem Metamorphosegrad der Granulitfazies gebunden sein, nämlich an Granat, Cordierit und andere kompakte Minerale enthaltende Plagioklasgneise.

Diese letzte Möglichkeit ist zweifelsohne von Interesse, denn mit der Regionalmetamorphose ist die Migration des Wassers verbunden. Wenn im Ausgangssediment der Wassergehalt viele Prozente und sogar einige zehn Prozent beträgt, so ist bei einem höheren Metamorphosegrad entsprechend weniger Wasser im Gestein erhalten.

In der „Granit"-Schicht dominieren Gesteine der Amphibolitfazies des Metamorphismus, deren Minerale noch einen Wassergehalt von einigen Prozent besitzen. Petrologische und laborative Angaben zeigen, daß die Anwesenheit von Wasser für den Granitisierungsprozeß notwendig ist, der in der gleichen Gesteinsschicht der Amphibolitfazies vor sich geht. Die Gesteine der Granulitfazies sind praktisch überhaupt wasserfrei. An der Oberfläche sind Granulite nur sehr begrenzt verbreitet, und die Annahme, daß ihr Hauptverbreitungsgebiet tiefer — unter der Granitschicht — liegt, d. h. dort, wo sich die „Basalt"-Schicht befindet, erscheint durchaus logisch. Eine solche Lage der metamorphen Fazies erscheint durchaus gesetzmäßig, wenn man davon ausgeht, daß die Regionalmetamorphose durch den Wärmestrom hervorgerufen wird, der aus dem oberen Mantel in die untere Kruste kommt. Dann ist logischerweise eine stärkere Metamorphose in den unteren Schichten der Kruste und eine Migration des Wassers in die Kruste von unten nach oben zu erwarten.

Die „metamorphe Variante" des Krustenmodells verdient aber auch aus anderen Überlegungen heraus Aufmerksamkeit. Der mit Hilfe seismischer Methoden untersuchte Bau der Erdkruste in verschiedenen Gebieten verändert sich von Ort zu Ort sehr stark. Es wechselt sowohl die Mächtigkeit der gesamten Kruste als auch der „Granit"- und „Basalt"-Schicht. Es verändert sich der Charakter der „CONRAD-Diskontinuität", die einmal deutlich als sprunghafte Geschwindigkeitsänderung der seismischen Wellen ausgeprägt ist, ein andermal durch allmähliche Geschwindigkeitszunahme. Es verändert sich die Anzahl seismischer Grenzen zweiter Ordnung sowohl in der „Granit"- als auch in der „Basalt"-Schicht.

Obwohl diese Frage noch nicht vollständig untersucht ist, kann man mit großer Gewißheit behaupten, daß Veränderungen im Bau der Erdkruste beim Übergang von einer tektonischen Zone zu einer anderen auftreten. Mächtigkeit und Schichtung der Kruste sind unter Faltenzonen verschiedenen Alters, unter Tafeln und Schilden, unter Zonen tektonischer Aktivierung usw. unterschiedlich. Die verschiedenen tektonischen Zonen der Kontinente spiegeln verschiedene Entwicklungsstadien der Erdkruste wider und existieren gegenwärtig nebeneinander, weil die Evolution der Kruste ungleichmäßig verläuft: Einige Krustenteile entwickeln sich schneller, andere bleiben zurück.

Die zu beobachtenden Unterschiede im Bau der Kruste zeugen folglich davon, daß Veränderungen ihrer Gesamtmächtigkeit, der Mächtigkeit ihrer einzelnen Schichten und des Charakters ihrer Schichtung nicht nur räumlich, sondern auch zeitlich vor sich gehen: Im zeitlichen Ablauf verändern sich sowohl die Gesamtmächtigkeit als auch ihre innere Struktur. Die Rede soll jedoch vor allem von Veränderungen physikalischer Eigenschaften des Krustenmaterials, wie Dichte und Elastizität, sein sowie von Verteilungsveränderungen in der Kruste von Material mit unterschiedlicher Dichte und Elastizität. Solche Veränderungen sind bei metamorphen Gesteinen leicht vorstellbar, da metamorphe Prozesse, sowohl progressive als auch regressive, sowohl zur Veränderung der Dichte als auch zur Veränderung der elastischen Eigenschaften der Gesteine führen. Der progressive Metamorphismus erhöht die Gesteinsdichte und die Ausbreitungsgeschwindigkeit seismischer Wellen; der regressive Metamorphismus verringert sowohl das eine als auch das andere. Da metamorphe Prozesse Gesteinsdichte und -volumen beeinflussen, also Volumenverringerung bei progressivem und Volumenzunahme bei regressivem Metamorphismus erzeugen, können durch sie einige in den oberen Schichten der Kruste beobachtbare Deformationsarten hervorgerufen werden, zum Beispiel die „Tafelfalten", die als isolierte flache und leicht kuppelförmige oder wallartige Schichterhebungen ausgeprägt sind.

Als Ergebnis von Amphibolitisierungs- und Serpentinisierungsprozessen, die ja mit Wasserzufluß verbunden sind, können sich übrigens auch bei basischen und ultrabasischen Magmatiten (wie Gabbro und Peridotit) Dichte, Volumen und elastische Eigenschaften verändern. Dabei weisen die Ab- bzw. Zunahme der Gesamtkrustenmächtigkeit auf die Existenz und gewisse Formen des Materialaustausches zwischen oberem Mantel und Kruste hin. Ein solcher Austausch setzt eine Intrusion oder Angliederung von basischem oder ultrabasischem Mantelmaterial an die Kruste voraus. Ohne Berücksichtigung der Zufuhr erhitzten Materials aus dem Mantel in die Kruste ist es wahrscheinlich schwierig, das Auftreten verstärkter Wärmeströme zu erklären, die normale Werte beträchtlich überschreiten. Gegenwärtig sind derartige hohe Wärmeströme, die normale um ein Mehrfaches übertreffen, in vulkanischen Gebieten zu beobachten. Bestimmungen der wahrscheinlichsten Bildungstiefe verschiedener metamorphischer Minerale mit Hilfe geologischer Methoden lassen den Schluß zu, daß in den Geosynklinalen der verschiedenen tektonischen Zyklen während des regionalen Metamorphismus und der Granitisierung die Höhe des Wärmestromes drei- bis fünfmal über dem normalen Wert lag.

Alle diese Erwägungen sprechen dafür, daß die „Basalt"-schicht der Kruste auf den Kontinenten eine komplizierte Verflechtung metamorpher Gesteine vorwiegend hohen Metamorphosierungsgrades (örtlicher Einfluß von regressivem Metamorphismus nicht ausgeschlossen) sowie basischer und ultrabasischer magmatischer Gesteine darstellt, die aus dem Mantel intrudiert wurden und stellenweise eine Amphibolitisierung und Serpentinisierung erfuhren. Nach den Ergebnissen experimenteller Untersuchungen unter Leitung von A. RINGWOOD über die Entstehungsbedingungen der Eklogite können außerdem in den unteren Schichten der Kruste Eklogiteinschlüsse angenommen werden. Die Schicht mit seismischen „Zwischen"geschwindigkeiten (7,2—7,4 km/s), die gewöhnlich als Schicht mit gemischtem Material aus Kruste und Mantel interpretiert wird, erweist sich möglicherweise als Schicht, in der Eklogitschollen eine bedeutende Rolle spielen.

Das ist unsere Vorstellung über die Zusammensetzung des unteren Teils der Festlandskruste. Natürlich sind sie nicht sehr bestimmt, sie können jedoch gegenwärtig kaum genauer sein. Die Zusammensetzung der tiefen Schichten der Festlandkruste wird wahrscheinlich endgültig nur mit Hilfe direkter Verfahren, durch Bohrungen oder mit Hilfe anderer Methoden geklärt werden, die eine Entnahme von Gesteinsproben in der Tiefe gestatten oder auf jeden Fall eine direkte Information über den mineralogischen Bestand letzterer liefern. Tiefbohrungen auf den Kontinenten, angesetzt mit dem Ziel, wenigstens den oberen Teil der „Basalt"-Schicht zu erreichen und seine Zusammensetzung zu bestimmen, sind eine dringende wissenschaftlich-technische Aufgabe.

## Stoffzusammensetzung der ozeanischen Kruste

Die Zusammensetzung der konsolidierten Kruste in den Ozeanen ist gleichfalls ein ungelöstes Problem, welches zu seiner vollständigen Lösung die Durchführung von Bohrungen erfordert. In diesem Falle müßten im Rahmen der gegenwärtigen technischen Möglichkeiten die gesamte ozeanische Kruste durchteuft und die oberen Schichten des Mantels erreicht werden.

Die erste Schicht in den Ozeanen ist sedimentären Ursprungs. Die zweite Schicht, die über eine seismische Geschwindigkeit von ca. 5,5 km/s verfügt, besteht wahrscheinlich vollständig oder vorwiegend aus Plateaubasalten, deren Ergüsse sich auf dem Grunde des Ozeans verfolgen lassen und von denen Gesteinsproben aus verschiedenen Gebieten der Ozeansenken entnommen wurden. Nicht bekannt ist jedoch, ob in dieser Schicht verfestigte und metamorphosierte Sedimentgesteine vertreten sind. Die Lösung dieser Frage ist von außerordentlichem Interesse für die Klärung der Entstehungszeit und der Entwicklungsgeschichte der Ozeansenken. Neueste reflexionsseismische Untersuchungen ermöglichen es, die Reflexionshorizonte der sedimentären Serie von den tiefen Ozeansenken bis auf die Schelfe zu verfolgen, wo paläontologische Altersbestimmungen angewandt werden können. Nach solchen Ergebnissen gehören die ältesten Sedimente, die im Untergrund des Ozeans auf der zweiten Schicht liegen, fast überall zur Kreide. Lediglich in einigen Gebieten des Stillen Ozeans kann man auf Grund von Extrapolationen die Existenz von mittel- und oberjurassischen Ablagerungen vermuten. Sollten in den Ozeanen ältere sedimentäre Ablagerungen vorhanden sein, so sind sie innerhalb der zweiten Schicht zu suchen.

Das Niederbringen von Bohrungen durch die sedimentäre Serie und die zweite Schicht der Kruste auf dem Grunde der Ozeane ist eine außerordentlich wichtige Aufgabe.

Die stoffliche Zusammensetzung der dritten Schicht in den Ozeanen, die wie auch die untere Schicht der Festlandskruste als „Basalt"schicht bezeichnet wird, muß nicht unbedingt so beschaffen sein wie unter den Kontinenten. Zur Zeit gibt es zwei Auffassungen über ihre Zusammensetzung. Danach besteht sie entweder aus basischen Magmatiten (Gabbro) oder aus serpentinisierten ultrabasischen Gesteinen des oberen Mantels.

Daß serpentinisierte Gesteine im Bau dieser basischen Schicht der ozeanischen Kruste eine Rolle spielen, wird durch Funde von Serpentinitstücken auf dem Grunde der Ozeane bestätigt. Besteht jedoch diese Schicht gänzlich aus Serpentiniten? Die obere Temperaturgrenze des Serpentinisierungsprozesses liegt bei 500 °C. Dabei ist jedoch bekannt, daß in den Ozeanen die Krustensohle (d. h. die MOHOROVIČIĆ-Diskontinuität) bedeutend höher als die 500 °C-Isotherme liegt. Weshalb hat sich dann der Serpentinisierungsprozeß nicht bis zu dieser Isotherme, also bis zu einer Teufe von ca. 20 km, ausgebreitet, sondern kam schon in einer Teufe von 5—6 km unter dem Ozeanboden zum Stillstand? Was ist in diesem Falle dann die MOHOROVIČIĆ-Diskontinuität? Und weshalb ist sie so schroff, wenn die Serpentinisierung doch eigentlich zu einem allmählichen Übergang von der Kruste zum Mantel führen müßte? Der Versuch, auf diese Fragen eine Antwort zu finden, führte einige Wissenschaftler zu zusätzlichen Hypothesen über die Entstehung der ozeanischen Kruste. Auf diese Hypothesen werden wir im weiteren noch zurückkommen. Vorläufig bleibt die Frage nach der Zusammensetzung der dritten Schicht im ozeanischen Krustenbereich noch offen.

Die Diskussion, ob der obere Mantel aus Eklogiten oder Peridotiten besteht, wurde eindeutig zugunsten der zweiten Annahme entschieden. Eine eklogitische Zusammensetzung des oberen Mantels würde ziemlich große Schwierigkeiten für die Erklärung der Herkunft ultrabasischer Eruptivgesteine schaffen. Außerdem entstünde eine gravierende Nichtübereinstimmung des gegenwärtig existierenden Wärmeflusses aus dem Mantel zum Wärmestrom, der aus einem Mantel mit der Radioaktivität von Eklogiten kommen müßte. Zahlreiche Peridotit- und das völlige Fehlen von Eklogiteinschlüssen in Basaltergüssen sprechen ebenfalls für eine peridotitische Zusammensetzung. Es ist gegenwärtig sogar möglich, die Frage noch präziser zu stellen: Aus welchen Varietäten der Peridotite besteht der obere Mantel in verschiedenen Teufen?

Die Entstehung basaltischer Magmen wird mit lokalen Schmelzvorgängen im peridotitischen oberen Mantel in Beziehung gebracht. Experimentelle Untersuchungen wie auch geologische Beobachtungen zeigen, daß die Zusammensetzung der ausgeschmolzenen Basalte von der Teufe abhängen muß, in der die Absonderung der Basaltschmelze vom kristallinen Substrat vor sich ging. Die absoluten Werte der Teufen können heute kaum mit genügender Genauigkeit angegeben werden. Es ist aber sicher, daß sich in geringeren Teufen übersättigte Basalte absondern, die anscheinend als Ausgangsgestein für geosynklinale Spilite dienen, während in größeren Teufen ungesättigte alkalische Olivinbasalte und Pikrite entstehen, die für kontinentale Tafeln charakteristisch sind.

Diese Schlußfolgerung hat sehr große geologische Bedeutung. Sie erlaubt, die Frage nach den Beziehungen einzelner Strukturkomplexe der Erdkruste zu dieser oder jener Teufe zu stellen. So zeigt zum Beispiel die Bindung der verhältnismäßig sauren Basalte an Geosynklinalen, daß die endgültige Trennung der Basaltschmelze von der ultrabasischen kristallinen Masse unter den Geosynklinalen in verhältnismäßig geringer Teufe vor sich geht, möglicherweise nur in einer Tiefe von 20—30 Kilometern unterhalb der Kruste. Für kontinentale Riftzonen charakteristische alkalische Basaltlaven stammen dagegen aus größeren Teufen (60 und mehr Kilometer unter der Kruste).

Äußerst interessant wird das endgültige Resultat der gegenwärtigen Erörterung über die Zusammensetzung der ozeanischen Basalte sein. Bis vor kurzem nahm man bekanntlich an, daß in den Ozeanen alkalische Olivinbasalte typisch sind. Die Ergebnisse der hauptsächlich von K. und A. ENGEL durchgeführten neuesten Untersuchungen veränderten diese Auffassung und führten zu der Annahme, daß alkalische Basalte nur die Gipfel vulkanischer Berge in den Ozeanen bilden, während tiefere Berghänge und der gesamte Ozeanboden aus Tholeitbasalten bestehen. Es ist notwendig, weitere Fakten in dieser Richtung zusammenzutragen.

Für die Schicht C des oberen Mantels ist ein Übergang vom Hauptmineral des Peridotits — Olivins — zu kompakteren Strukturen (Spinell- und Korundstrukturen), ebenso wie der Übergang der Kieselsäure zu kompakteren Modifikationen (Coesit, Stinoverit) anzunehmen.

Die Peridotitzusammensetzung des oberen Mantels macht anscheinend offensichtlich, daß die MOHOROVIČIĆ-Diskontinuität chemischer und nicht von Phasennatur ist. Auf Grund neuester experimenteller Angaben ist jedoch die Existenz einzelner Eklogitschollen und Eklogitmassive im obersten Teil des Mantels nicht nur nicht ausgeschlossen, sondern durchaus wahrscheinlich. Sie können bei der Abkühlung basaltischer Magmen unter Druck ausgeschiedene Einschlüsse oder Umwandlungen von Gesteinen der Granulitfazies in Eklogit darstellen. Folglich kann die Möglichkeit nicht geleugnet werden, daß örtlich die MOHOROVIČIĆ-Diskontinuität durchaus Phasencharakter besitzt.

Aus Überlegungen, die sich auf die Gleichheit der mittleren Wärmeflüsse auf den Kontinenten und in den Ozeanen stützen, folgt, daß sich der Mantel unter den Ozeanen von dem unter den Kontinenten durch einen größeren Gehalt an radioaktiven Elementen unterscheidet: Wenn auf den Kontinenten mindestens zwei Drittel des Wärmeflusses aus der Kruste stammen, wo (insbesondere in der „Granit"-Schicht) die Hauptmasse der radioaktiven Wärmequellen konzentriert ist, so muß in den Ozeanen, wo die Kruste dünner ist und — wie feststeht — bedeutend weniger radioaktive Elemente enthält, der gesamte Wärmestrom aus dem Mantel kommen. Diese Schlußfolgerung über die unterschiedliche Zusammensetzung nicht nur der Kruste der Kontinente und Ozeane, sondern auch des oberen Mantels beider — jedenfalls in einer Teufe von mehreren hundert Kilometern — hat prinzipielle Bedeutung für das Verständnis des Baus und der Entwicklung der äußeren festen Erdschalen.

## Mögliche Prozesse in der Kruste und im oberen Mantel

Wenden wir uns den möglichen Prozessen in der Kruste und im oberen Mantel zu.

Oben wurde bereits bemerkt, daß ein Vergleich des Tiefenbaus verschiedener tektonischer Zonen zu dem Schluß führt, daß sich im Laufe der geologischen Geschichte die Mächtigkeit der Kruste und die Dichte ihres Materials ändern. Die koordinierte Auswertung seismischer und gravimetrischer Angaben führte in den letzten Jahren zu der wesentlichen Erkenntnis, daß Veränderungen der Dichte nicht nur die Kruste erfassen, sondern auch die oberen Schichten des Mantels. Damit erwies sich die frühere Vorstellung, daß einer jeden größeren Aufwölbung auf der Erdoberfläche eine Mächtigkeitszunahme der Kruste entspricht, wodurch auch der isostatische Zustand letzterer (Idee der Gebirgs„wurzeln") gewährleistet wird, nur in Einzelfällen als zutreffend. In einer ganzen Reihe von Gebieten fehlen den oberflächigen Hochlagen die „Wurzeln" im Liegenden der Kruste; in solchen Fällen wird das Gleichgewicht durch eine entsprechende Verringerung der Dichte im oberen Mantel gewährleistet. Ebenso haben Senken in anderen Gebieten keine „Antiwurzeln" (d. h. Aufwölbungen der MOHOROVIČIĆ-Diskontinuität), das Gleichgewicht wird lediglich durch die Zunahme der Dichte im oberen Mantel erhalten.

Wir wissen nicht, weshalb der Kaukasus oder die Alpen „Wurzeln" haben und die Sierra Nevada beispielsweise keine hat, ebenso wie die Fergana-Senke keine „Antiwurzeln" besitzt. Es ist ein sorgfältiger Vergleich der tektonischen Natur der verschiedenen Gebiete mit ihrem Tiefenbau erforderlich.

Das bedeutet jedoch nicht, daß wir bei exakterer Aufhellung der Beziehungen des Tiefenbaus mit den vertikalen Bewegungen der Kruste zu einem einfachen Schema gelangen, in dem die vertikalen Bewegungen eine direkte Reaktion auf die Veränderung von Dichte und Volumina in einigen Fällen in der Kruste und in anderen Fällen im oberen Mantel sind. Vor kurzem zeigte M. J. ARTEMJEW, daß fast überall vertikale tektonische Bewegungen der Erdkruste antiisostatisch verlaufen, daß dort, wo die Kruste der isostatischen Anomalie folgend absinken müßte, sie emporsteigt, und umgekehrt dort, wo das Streben zum Gleichgewicht eine Hebung hervorrufen müßte, eine Absenkung stattfindet. Besonders stark ausgeprägt ist dieser Widerspruch zwischen den isostatischen Kräften und den derzeitigen tektonischen Bewegungen in den jungen Geosynklinalen. Der Tiefenmechanismus der vertikalen Bewegungen der Erdkruste ist komplizierter als der Einfluß von Dichte- und Volumenänderungen auf die Kruste unmittelbar unter dem betrachteten Gebiet. Wodurch diese Komplizierungen bedingt sind, wissen wir vorläufig noch nicht.

Ausnahmen von der „Regel der Antiisostasie" bilden Gebiete, die erst vor kurzem eisfrei wurden, wie Skandinavien oder Kanada. Ihre Hebung verläuft in Richtung der Wirkung der isostatischen Kräfte.

Außerordentlich große Bedeutung für das Verständnis der Tiefenprozesse hat die richtige Interpretation der Natur der Wellenleiter im oberen Mantel. Die Existenz eines Wellenleiters selbst ruft keinerlei Zweifel hervor, wenn auch die Daten über seine Lagerungsteufe, seine Mächtigkeit und seinen Bau in den verschiedenen geologischen Zonen noch sehr unzulänglich sind. Die vorliegenden Fakten sind außerordentlich schematisch. Sie besagen, daß unter den Kontinenten der Wellenleiter gewöhnlich in Tiefen zwischen 100 und 250 km liegt, während er unter den Ozeanen mächtiger und zwischen 50 und 400 km Teufe einzuordnen ist. Es gibt Informationen, die auf eine schwächere Ausprägung unter den kristallinen Schilden — verglichen mit anderen Stellen — hinweisen und daß er möglicherweise örtlich ganz fehlen kann. Es gibt Grund zur Annahme, daß unter tektonisch aktiven Zonen der Wellenleiter wiederum mächtiger ist und an seiner Oberfläche Aufwölbungen besitzt. Unter dem vulkanischen Inselbogen der Kurilen steigt der Kanal mit verringerten seismischen Geschwindigkeiten vom Wellenleiter bis zur unteren Grenzfläche der Erdkruste. Diesen Kanal benutzt die Lava, die die Vulkane speist. Im Wellenleiter ist die Geschwindigkeit der Transversalwellen größer als die der Longitudinalwellen. Es sind aber auch Fälle registriert worden, wo eine Abnahme der Geschwindigkeit nur für erstgenannte Wellenart auftrat.

Im Pamir und auf den Kurilen wurde das Vorhandensein mehrerer Wellenleiter (einer über dem anderen) im oberen Mantel festgestellt.

Der Wellenleiter kann entweder durch Veränderung der chemischen Zusammensetzung oder des Phasenzustandes des Stoffes erklärt werden. A. RINGWOOD z. B. nimmt chemische Veränderungen an und schreibt dem Wellenleiter eine Zusammensetzung aus Pyroxenperidotiten im Unterschied zu den ihn überlagernden Duniten und den unterlagernden Granatperidotiten zu. A. RINGWOOD nimmt an, daß der Pyroxenperidotit des Wellenleiters dem Ausgangsmaterial des oberen Mantels entspricht, während die Deckdunite als Restprodukte dieses Materials gedeutet werden, nachdem sich aus ihnen infolge Teilschmelzung Basalte aussonderten. Aus dieser Sicht begann das Ausschmelzen der Basalte in den obersten Schichten des Mantels und verbreitete sich allmählich in die Tiefe. Dort, wo der Prozeß weiterverlief, ist der Wellenleiter geringmächtiger als in Gebieten, wo sich die Differenzierung des Mantels im Anfangsstadium befindet. Die letztgenannten Bedingungen müssen offenbar für den ozeanischen Mantel angenommen werden, da hier der Wellenleiter am mächtigsten ist.

Da die Abnahme der seismischen Geschwindigkeiten durch Zunahme des durchschnittlichen Atomgewichtes hervorgerufen sein kann, könnte ein zunehmender Eisengehalt im Mantelmaterial ebenfalls die Ursache für das Auftreten eines Wellenleiters sein.

Unter der Voraussetzung, daß etwa ein Drittel des Mantelmaterials aus Pyroxen besteht, kann aus den möglichen Veränderungen des Aggregat- oder Phasenzustands zum Beispiel angenommen werden, daß mit Erhöhung der Temperatur der Übergang von Orthopyroxen in Klinoenstatit und Klinoenstatit in Protoenstatit zu einem Absinken der seismischen Geschwindigkeiten von jeweils 2—3% führen.

Meistens erläutert man den Wellenleiter als Ergebnis vorherrschender Einflüsse der Temperatur über die Druckeinflüsse in bestimmten Tiefen. Dieser Effekt ist besonders groß entweder beim Übergang vom kristallinen in den amorphen Zustand oder bei einem teilweisen Schmelzen des oberen Mantels, wodurch zwischen den schweren Kristallen Tropfen und Häutchen flüssiger Schmelze erscheinen. Der letzte Gesichtspunkt ist insofern interessant, als er die Möglichkeit bietet, das Ausschmelzen basaltischer Magmen aus ultrabasischem Material des oberen Mantels mit dem Wellenleiter zu verbinden. Die bekannten oder vermuteten

Tatsachen über die tiefenmäßige Temperaturverteilung im oberen Mantel wie auch über die Temperaturen eines teilweisen Schmelzens ultrabasischer Gesteine bei verschiedenen Drücken widersprechen diesem Gesichtspunkt nicht.

Vom Standpunkt der Wechselwirkung zwischen oberem Mantel und Kruste ist die Frage sehr wesentlich, ob die durchschnittliche Dichte des Materials des Wellenleiters unter der Dichte des Materials der überdeckenden Schichten des Mantels liegt oder nicht. Einige der erwähnten Hypothesen unterstellen, daß die durchschnittliche Dichte des Materials im Wellenleiter geringer ist als die des überlagernden Materials. Sie unterstellen folglich im Dach des Wellenleiters eine aus der „Inversion der Dichte" hervorgehende mechanische Instabilität, d. h. die Lagerung von dichterem Material über weniger dichtem.

Unter solchen Verhältnissen sind Störungen an der Oberfläche des Wellenleiters zu erwarten, die sich daraus ergeben, daß dessen Material aufzusteigen und das höher liegende Material abzusinken bestrebt ist. Der Charakter der Bewegungen müßte an Konvektion erinnern (genauer „Advektion", da hier nicht die Bedingungen für volle Konvektionsschleifen gegeben sind; leichtes Material schwimmt nach oben und bleibt dort, schweres taucht ein und bleibt unten). Die Bildung von Salzdiapirkuppeln kann als vollständige Analogie dieses Prozesses angesehen werden. Etwas den Diapiren Ähnliches muß aus dem Wellenleiter in die darüberliegenden Schichten des Mantels aufgestiegen sein. Wenn im Wellenleiter jedoch eine Ausschmelzung von Basalt stattfindet, so kann sich die entstehende Basaltschmelze beim Hochschwimmen vom Material des Wellenleiters absondern und zu selbständigen flüssigen Massiven sammeln — den „Astenolithen" —, die sich den Weg nach oben entweder durch Hochschwimmen oder Durchschmelzen bahnen. Der Aufstieg von Basaltastenolithen kann zum Hauptinstrument der stofflichen, thermischen und mechanischen Einwirkung auf die Erdkruste werden. Mit Hilfe der Astenolithe füllt sich die Kruste mit Basaltmagma auf, das sich im Prozeß der Kristallisation differenziert, Gesteine der Erdkruste assimiliert und so den Beginn für die ganze Palette der magmatischen Gesteine darstellt. Astenolithe führen aus Teufen von 100—200 km Wärme mit sich und erwärmen die Kruste und rufen Prozesse der Regionalmetamorphose und der Granitisierung hervor. Schließlich müssen große Basaltmassen, die dem Liegenden der Kruste „angebaut" werden, zu Krustenhebungen führen und auf diese Weise Ursache für wellenartige Schwingungsbewegungen sein.

Auf der Grundlage dieses hypothetischen Mechanismus kann ein recht geschlossenes Schema der Tiefenprozesse geschaffen werden, das offenbar die wichtigsten Besonderheiten der Entwicklung vertikaler Krustenbewegungen und des Magmatismus in den Geosynklinalen, den Übergang der Geosynklinalen im Laufe der Zeit in Tafeln und die allgemeinen Züge der Tafelentwicklung zufriedenstellend erklärt. Der hypothetische Charakter all solcher Konstruktionen ist jedoch offensichtlich und nicht weniger offensichtlich die Notwendigkeit einer ganz wesentlichen Präzisierung unserer Kenntnisse über die Natur des Wellenleiters im oberen Mantel. Nur so können wir zu gesicherten Vorstellungen kommen.

## Ursachen der Deformation in den Geosynklinalen

Zur Wahl des richtigen Weges beim Studium der Tiefenprozesse kann die wichtige Frage beitragen, ob die Ursachen der Deformation von Gesteinsschichten in den Geosynklinalen irgendwelche „allgemeine" horizontal gerichtete Kräfte des Druckes sind, die von außen auf die Geosynklinale einwirken, oder ob zur Erklärung der Faltung solch ein „allgemeiner" Druck überhaupt notwendig ist.

Lange Zeit wurden die Geologen im Geiste der Kontraktionshypothese erzogen, die die allgemeine Abkühlung der Erde, die Schrumpfung ihrer Oberfläche und infolgedessen die Zusammenpressung der Geosynklinalen zwischen den starren Tafelmassiven postulierte. Ein Ergebnis dieses Vorgangs wurde auch in der Faltenbildung gesehen.

Obwohl die Kontraktionshypothese gegenwärtig von der Mehrzahl der Spezialisten abgelehnt wird, sind viele noch immer der Überzeugung, daß zur Erklärung der Faltenbildung in den Geosynklinalen äußere Druckkräfte notwendig sind, die entweder auf den Druck der Kontinente bei relativen horizontalen Verschiebungen zueinander oder auf das „Ansaugen" der Kruste im Geosynklinalbereich durch abtauchende Mantelkonvektionsströme zurückgehen. Diese Vorstellungen erfordern die Annahme beträchtlicher horizontaler Verschiebungen im Material des oberen Mantels, die ihrerseits zur Annahme von großen Konvektionsschleifen kontinentalen Ausmaßes führen.

Es entwickelt sich jedoch auch eine andere Auffassung, nach der Falten eine unterschiedliche Entstehung haben. Einige Faltentypen (Schollenfalten und Preßfalten) stehen in keiner Beziehung zu äußerem horizontalem Druck. Lediglich ein Faltungstyp, als linearer, voller oder holomorpher Faltungstyp bezeichnet, erfordert tatsächlich horizontalen Druck auf die Schichten. Er ist aber in seiner Verbreitung sehr begrenzt, in geosynklinalen Faltungszonen von Falten anderer Typen umgeben und durch eine Reihe anderer struktureller Besonderheiten ausgestattet. Das gestattet es, den erforderlichen horizontalen Druck als örtliche Erscheinung zu betrachten, der entweder mit der Weitungswirkung durch die in obere Krustenschichten aufsteigenden Massive von Tiefengestein zusammenhängt oder auf Schichtrutschungen unter dem Einfluß der Schwerkraft an den Hängen tektonischer Erhebungen beruht. Dieser Standpunkt erfordert keine Annahme großer horizontaler Verlagerungen im Mantel: Er begnügt sich mit einer vertikalen Materialzirkulation im oberen Mantel und dessen äußerst begrenzten horizontalen Verlagerungen, und zwar nur solchen, die notwendig sind, damit zwei vertikale Gegenströme aneinander vorbeifließen können.

Die Lösung dieser Frage erfordert weitere detaillierte strukturelle Untersuchungen in Faltengebieten, die Klärung des Charakters der Veränderungen der Faltung mit zunehmender Teufe, das Studium der Entwicklungsgeschichte der Faltung auf dem Hintergrund vertikaler Krustenbewegungen und die Lösung einer Reihe spezieller tektonophysikalischer Probleme.

Zur gleichen Gruppe geologischer Probleme gehört auch die Frage nach der Existenz großer Horizontalverschiebungen in der Erdkruste. Völlig offensichtlich ist die horizontale Verschiebung längs des San-Andreas-Bruchs in Kalifornien, die sich in Versetzungen von Flußläufen und anderen Elementen des gegenwärtigen Reliefs äußert. Sie sind sehr gering und überschreiten kaum einen Kilometer. Noch geringer ist die Amplitude der sichtbaren horizontalen Versetzung längs des alpinen Bruchs auf der Südinsel Neuseelands. Trotzdem kommen zahlreiche Wissenschaftler auf Grund ihrer Interpretation allgemeiner geologischer Fakten zu dem Schluß, daß die horizontalen Verschiebungen an den genannten Brüchen, indem sie sich im Laufe langer geologischer Perioden akkumulierten, gegenwärtig viele hundert Kilometer erreichen. Noch größere horizontale Verschiebungen werden auf Grund der Lage von Magnetanomalien entlang großer Ost-West-Brüche im östlichen Stillen Ozean erwartet.

Hier soll die angenommene Amplitude an einigen Stellen 1000 km überschreiten. Eine große Anzahl Verschiebungen — wird angenommen — kreuzt die Mittelgebirge in den Ozeanen und ruft relative seitliche Verschiebungen in einzelnen Abschnitten hervor. Als Horizontalverschiebung mit einem Versatz von mehr als 100 km wird der Great-Glen-Bruch in Schottland betrachtet.

Die Idee der großen Horizontalverschiebungen birgt viele Widersprüche in sich. Einige Besonderheiten des geologischen Baus im Bereich dieser Brüche stimmen mit dem großen Verschiebungsbetrag überein. Andere widersprechen diesem entschieden. Zum Beispiel berühren sich an mehreren Orten viele übereinstimmende geologische Strukturen unmittelbar über den San-Andreas-Bruch hinweg, so daß man schwerlich bei dieser Übereinstimmung an Zufälle glauben kann. Zwei Granitmassive, die zu beiden Seiten des Great-Glen-Bruchs liegen und als getrennte Teile eines einheitlichen Massivs angenommen werden, haben sich auf Grund petrographischer Angaben als aus verschiedenen Gesteinen bestehend erwiesen, was natürlich zu Zweifeln an der Eindeutigkeit der Interpretation als Blockverschiebung führt.

Prinzipielle Schwierigkeiten entstehen bei der Klärung, wohin das Material verschwindet, das sich in ungeheurem

Umfang bei großen Horizontalverlagerungen an beiden Enden des Bruchs ansammeln müßte. Dort, wo z. B. die E—W verlaufenden Brüche des östlichen Pazifik den Kontinent erreichen, existieren auf ihrer Fortsetzung zwar tektonische Brüche, jedoch ohne merkliche Horizontalverschiebungen. Wohin verschwand das Material, das beispielsweise entlang dem Mendosino-Bruch in horizontaler Richtung zum Ufer um 1200 km versetzt wurde?

Schwierigkeiten dieser Art führten zur Einführung des Begriffes der „transformierten Verschiebungen", bei denen die Horizontalverschiebung einerseits durch das Absinken entsprechender Krustenstreifen in den Mantel und andererseits durch Bildung eines neuen Krustenabschnitts mit Hilfe aufsteigenden Mantelmaterials kompensiert wird. Ein derartiger Material„austausch" zwischen Kruste und Mantel kann in der Tat jede beliebige Amplitude einer Horizontalverschiebung kompensieren. Es ist jedoch notwendig, daß die Existenz von Absorptionszonen und die Neubildung der Kruste durch Beobachtungen bestätigt werden.

Ebenso wie das Problem der Entstehung der Faltung muß das der großen Horizontalverschiebungen besonders und mit maximaler Objektivität untersucht werden. Die Antwort, die wir dabei erhalten, wird unmittelbaren Einfluß auf die Entwicklung der Vorstellungen über den Charakter der Tiefenprozesse haben.

## Ursachen der Gliederung der Erdoberfläche in Kontinente und Ozeane

Die brennendsten Fragen entstehen gegenwärtig zur Geschichte und zu den Ursachen der Gliederung der Erdoberfläche in Kontinente und Ozeane.

Oben sprachen wir über das Alter der auf dem Boden der Ozeane liegenden Sedimente. Erstaunlicherweise beginnen sie vorwiegend mit kretazischen Ablagerungen, und lediglich an einigen Stellen kann man die Existenz von etwas älteren, jedoch nicht älter als jurassischen Sedimenten annehmen. Unter diesen Sedimenten liegt eine zweite Schicht, die aller Wahrscheinlichkeit nach aus Basaltergüssen besteht und von einer Epoche eines grandiosen, im Gebiet der gegenwärtigen Ozeane überall verbreiteten Basaltvulkanismus zeugt. Die Spuren dieser stürmischen Epoche, deren Dauer uns unbekannt ist, stehen in scharfem Kontrast zur ruhigen Lagerung der sedimentären Schichten auf der Oberfläche der Basalte.

Wenn irgendwo in den Ozeanen ältere Sedimente (untermesozoische, paläozoische oder noch ältere) existierten, so befinden sie sich innerhalb der Basaltserie der zweiten Schicht und wurden von ihr absorbiert. Nicht ausgeschlossen ist die Möglichkeit, daß das älteste Material der ozeanischen Kruste auch in ihrer dritten Schicht konzentriert ist. Wird jedoch angenommen, wie das gegenwärtig viele Forscher tun, daß ältere als Kreide- (im äußersten Falle jurassische) Ablagerungen in den rezenten Ozeanen überhaupt fehlen, so muß unausweichlich angenommen werden, daß die ozeanische Kruste eine Neubildung ist, die zu Ende des Paläozoikums oder zu Beginn des Mesozoikums entstanden ist. Eine ältere ozeanische Kruste muß bei dieser „Erneuerung" auf irgendeine Weise vernichtet worden sein. Welcher Mechanismus für die Zerstörung der alten Kruste und der Entstehung einer neuen an ihrer Stelle angenommen wird, wird später dargelegt.

## Die Natur der Medianrücken

Wichtige Elemente des Baus des ozeanischen Bodens sind die Innengebirge (mittelozeanische Rücken). Am typischsten sind sie im Atlantischen und Indischen Ozean entwickelt. Hier zieht sich längs ihrer Kammzonen eine beinahe durchgehende Kette von „Riften", d. h. von Depressionen mit steilen Hängen und unebenem Grund, hin. An den Hängen und besonders auf dem Gipfel der Innengebirge (Medianrücken) wird die Schicht mit Lockersedimenten, ohnehin im offenen Meer schon sehr geringmächtig, immer weniger mächtig und keilt allmählich aus. Dabei bleiben in der Nähe der Kammzone lediglich die jüngsten (neogene und quartäre) Sedimente erhalten. Die Basalte auf dem Gipfel der Innengebirge haben nach absoluten Altersbestimmungen neogenes oder noch jüngeres Alter. So sind der Mittelatlantische und der Mittelindische Rücken Entwicklungszonen des Vulkanismus bis in unsere Zeit, während in den benachbarten ozeanischen Becken der Vulkanismus bereits in der Kreide erlosch. Der im Stillen Ozean existierende mittlere Rücken (Süd- und Ostpazifik) hat eine exzentrische Lage und unterscheidet sich in seiner Gestalt vom Atlantischen und Indischen, obgleich er deren unmittelbare Fortsetzung ist. Es wurde die Hypothese geäußert, daß früher im Zentralteil des Stillen Ozeans ein typisches Innengebirge existierte, das im Laufe der Kreide zerfiel und fast gänzlich versank. Seine Reste können in den zahlreichen Inselketten gesehen werden, die eines gemeinsam haben, nämlich, daß alle ein vulkanisches Fundament besitzen. Auf diesen Inselketten sind die jüngsten (bis zu rezenten) Basaltergüsse anzutreffen, während, nach dem Alter der Sedimente zu urteilen, der Vulkanismus in den umliegenden ozeanischen Becken zu Beginn der Kreidezeit oder sogar bereits früher zum Erliegen kam.

Die Medienrücken haben einen spezifischen Tiefenbau. Gemeinsame Auswertung seismischer und gravimetrischer Angaben führt zu der Schlußfolgerung, daß unter den Medianrücken Linsen (bis zu 20 km Mächtigkeit) eines Materials liegen, dessen seismische Geschwindigkeit 7,2 bis 7,6 km/s beträgt. Es ist wahrscheinlich, daß diese Linsen ein Gemisch aus Mantel- und Krustenmaterial darstellen; um so mehr, als über Linsen mit „Zwischen"geschwindigkeiten die basische (dritte) Schicht der ozeanischen Kruste auskeilt. Eine andere Deutung nimmt an, daß diese Linsen aus teilweise geschmolzenem Material von Mantel und Kruste bestehen. Diese Interpretation stimmt gut mit jenen sehr hohen Wärmeströmen überein, die an die Zentralzonen der ozeanischen Innenrücken gebunden sind.

In den Ozeanen existieren Rücken eines anderen Typs, die „aseismischen" oder Horstrücken. Das sind vorwiegend geradlinige Rücken mit steilen Hängen (oder einem steilen Hang) und flachem Scheitel. Die Untersuchung ihres Tiefenbaus zeigt, daß sie eine mächtigere Kruste (als die normale Kruste der Ozeane) und mächtige Serien von Basaltlaven als Material des oberen Teils der Kruste besitzen. Da zu beiden Seiten eines solchen Rückens der Meeresgrund oft unterschiedlich tief liegt, kann angenommen werden, daß Rücken dieses Typs als Folge intensiver Basaltergüsse entlang großen Spalten entstanden sind, die die ozeanische Kruste durchschneiden.

Interessante Objekte sind die Guyots, die vorwiegend im Zentralteil des Stillen Ozeans entwickelt sind. Es besteht kein Zweifel, daß ihre flachen Gipfel durch marine Abrasion entstanden sind, d. h., diese Gipfel lagen einst im Niveau der ozeanischen Wasseroberfläche. Auf den Gipfeln von Guyots gefundene Flachwassersedimente bestätigen diese Ansicht. Die Sedimente besitzen unterschiedliches Alter, sind jedoch nicht älter als oberunterkretazisch. Guyots mit Sedimenten dieses Alters bildeten sich folglich als Vulkanspitzen bis zum Ende der unteren Kreide, wurden von der Abrasion an der Oberfläche abgeschnitten und begannen ab Ende Unterkreide abzusinken.

Die Gipfel einiger Guyots sanken bis auf 2 km unter dem gegenwärtigen Meeresspiegel ab. Es entsteht die Frage, ob die Guyots jeder für sich absanken, indem sie mit ihrer Schwere den Ozeanboden unter sich eindrückten, oder ob es das Ergebnis eines regionalen Absinkens umfangreicher Gebiete des Ozeanbodens ist. Für die erste Möglichkeit sprechen die außerordentlich großen Unterschiede der Tiefenlage einzelner Guyots, häufig selbst benachbarter. Gar nicht selten können zwei benachbarte Guyots Tiefenunterschiede ihrer Gipfel von vielen hundert Metern aufweisen. Der zweite Standpunkt ist jedoch nicht weniger wahrscheinlich, wenn wir feststellen, daß die um einige Guyots zu beobachtenden ringförmigen Rinnen nirgends solche Ausmaße erreichen, die das Eintauchen der Guyots kompensieren könnten. Und unterschiedliche Tiefe der Guyots könnte auch durch unterschiedliche Bildungszeiten und Beginn der Absenkung erklärt werden, was anscheinend durch die direkte Beziehung zwischen Tiefenlage der Guyots und dem Alter der Sedimente auf ihnen bestätigt wird.

Geht man vom zweiten Standpunkt aus, so ergibt sich, daß am Ende der Unterkreide die Tiefe des zentralen Pazifiks nicht mehr als 3 km betrug und sich im Verlaufe der letzten 100 Millionen Jahre maximal um 2—2,5 km vergrößerte.

## Zwei Typen ozeanischer Ränder

Zur Klärung der Geschichte unserer Ozeane tragen viel die Beobachtungen ihrer Randgebiete bei. Bekannt sind zwei Typen des Ozeanrandes — der atlantische und pazifische Typ. Der atlantische Randtyp ist fast überall im Atlantischen Ozean, im Nördlichen Eismeer und im Indischen Ozean verbreitet. Ausnahmen bilden die Gebiete der Inselbögen der Antillen, der südlichen Sandwich- und Großen Sundainseln, wo pazifische Randtypen zu beobachten sind. Peripherien des atlantischen Typs fallen überall mit mesozoisch-känozoischen Tafeln auf den angrenzenden Kontinenten zusammen. Alle Geosynklinalen, die zuvor an den Rändern der sie umsäumenden Kontinente existieren, schlossen ihre Entwicklung zu Beginn des Mesozoikums ab und gingen zum Tafelregime über. Als zweiter charakteristischer Zug des atlantischen Peripherie-Typs ist die diskordante Grenze zwischen Ozean und Kontinent bei dessen prämesozoischer Struktur anzusehen. Die paläozoische und ältere Struktur des Festlands wird von dieser Grenze abgeschnitten, und der Ozean überlagert das alte Fundament des Festlands diskordant.

Die Peripherie des atlantischen Typs wird von einem gut ausgeprägten Schelf begleitet. Dieser besteht aus mesozoisch-känozoischen Flachwassersedimenten, die diskordant auf der erodierten Oberfläche paläozoischer und älterer Gesteine liegen. Der Bau des Schelfes zeigt, daß seine Entwicklung vorwiegend in der allmählichen Zunahme des Neigungswinkels der Oberfläche des Fundamentes in Richtung zum Ozean bestand. Diese Neigung führte schließlich am Rande des Schelfes zu einer Absenkung von 2—3 km im Vergleich zur ursprünglichen Lage. In einigen Gebieten begann die Absenkung schon während des Juras, jedoch im allgemeinen in der Unterkreide. Es gibt Grund; die „Randplateaus", solche wie das Blake-Plateau oder das Iberische Plateau, als periphere Schelfteile zu deuten, die sich von ihm abtrennten und eine größere Absenkung erfuhren als der Hauptteil des Schelfes. Nur an wenigen Stellen wird die mesozoisch-känozoische Absenkung der atlantischen Peripherien vom Vulkanismus begleitet.

Peripherien des zweiten Typs umrahmen den Stillen Ozean und haben in anderen Ozeanen begrenzte Verbreitung (die erwähnten Ausnahmen beim atlantischen Randtyp). Sie fallen mit den mesozoisch-känozoischen Geosynklinalen der angrenzenden Kontinentränder zusammen. Obgleich die mesozoisch-känozoische Struktur der Kontinente insgesamt parallel zum Rand des Pazifiks verläuft, wird sie in wesentlichen Details von ihm bis in ihre jüngsten (pleistozänen) Elemente abgeschnitten. Ein charakteristisches Merkmal der geologischen Entwicklung von Peripherien dieses Typs sind die wiederholte Bildung von Brüchen und die Absenkung einzelner Krustenschollen an ihnen. Dieser Prozeß wird von Vulkanismus großer Intensität begleitet. Den pazifischen Rändern folgen überall Tiefseegräben und geneigte Brüche, die tief in den Mantel gehen und durch Tiefenbebenherde verlaufen.

Obgleich dort, wo das Festland unmittelbar an den tiefen Ozean grenzt, sich der Übergang von der kontinentalen zur ozeanischen Kruste schnell und schroff vollzieht (gewöhnlich innerhalb eines Bereiches von nicht mehr als 200 km), gibt es auch Krustenübergangstypen. Der subozeanische Übergangstyp ist sowohl in den Randmeeren (Beringsee, Ochotskisches und Japanisches Meer u. a.) als auch in den Mittelmeeren entwickelt (Mittelmeer, Schwarzen Meer, Karibischen Meer, Golf von Mexiko, Südteil des Kaspischen Meeres). Das ist im Grunde eine ozeanische Kruste, jedoch mit weit mächtigeren sedimentären Ablagerungen als im offenen Ozean. Der subkontinentale Übergangstyp der Kruste charakterisiert schmale Übergangszonen vom Festland zum Ozean und die Inselbögen. Dieser Krustentyp ähnelt dem Festlandstyp, unterscheidet sich jedoch durch seine geringere Mächtigkeit von ihm.

## Hypothesen zur Entstehung der Festländer und Ozeane

Die Angaben, über die wir verfügen, reichen eindeutig nicht aus, um gegenwärtig die Frage nach der Entstehung der Kontinente und Ozeane zu beantworten. Die dazu existierenden Hypothesen können in mehrere Gruppen eingeteilt werden.

### Die Hypothese der Differenzierung

Eine der ersten Hypothesen, die aus der Zeit stammt, als die Unterschiede im Bau der Kontinental- und ozeanischen Kruste bekannt wurden, nimmt an, daß die Ozeane Gebiete sind, in denen Mantel und Kruste weniger differenziert sind als in den Festlandsgebieten, und daß die allgemeine Entwicklung mit voranschreitender Differenzierung des Materials der Erde vom Ozean zum Festland verläuft. Als Zwischenelement tritt hier die Geosynklinale auf, in der der Differenzierungsprozeß besonders intensiv verläuft. Es wird angenommen, daß die Kontinente allmählich auf Kosten des Ozeans wachsen, indem diese das Geosynklinalstadium durchlaufen. Die jüngsten Geosynklinalen liegen an der Peripherie der Kontinente, während sich der ältere „Kern" des Kontinents in dessen Zentrum befindet.

Diese einfache Hypothese stimmt vollkommen mit solchen Erscheinungen überein wie der Gleichheit der mittleren Wärmeströme auf den Kontinenten und in den Ozeanen. Der Bau des Kontinents Nordamerika entspricht fast dem, was diese Hypothese annimmt, die Gesteine der ältesten „Konsolidation" liegen im Zentrum der Tafel — auf dem Kanadischen Schild, die Peripherie des Kontinents ist durch paläozoische und jüngere Geosynklinalen besetzt, wobei der Übergang von den älteren zu den jüngeren Geosynklinalen zum Pazifik hin radial, d. h. vom Festland zum Ozean, verläuft.

Dennoch steht diese Hypothese im Widerspruch zu vielen Fakten. Sie kann nicht das Abschneiden von Festlandsstrukturen an Rändern des atlantischen Typs erklären, das in großem Umfang an den Ufern Südamerikas, Afrikas, Westeuropas, Indiens, Westaustraliens sowie um das Polarmeer zu beobachten ist. Alle Anzeichen weisen darauf hin, daß an diesen Peripherien das Festland nicht angewachsen, sondern umgekehrt eingestürzt ist und der Ozean Bereiche erfaßt hat, die zuvor zum Festland gehörten. Eine solche Entwicklungsrichtung bestätigen auch zahlreiche paläogeographische Fakten, die an verschiedenen Stellen auf erodiertes Festland hinweisen, das gegenwärtig vom Ozean oder tiefen Meeren bedeckt ist. Das trifft besonders auf die Rand- und Mittelmeere zu, wo die einstige Existenz von Festland (und häufig vor geologisch kurzer Zeit) kaum bestritten werden kann. So hat sich erst im Miozän an Stelle einstigen Festlands das Japanische Meer gebildet, erst im Pliozän sank das Ochotskische Meer ein, bis zu Ende des Oligozäns und Beginn des Miozäns existierte im Westteil des Mittelmeeres ein später erodiertes Festland usw. In diesen Meeren hat die Kruste gegenwärtig einen Übergangscharakter, und wenn wir annehmen, daß ein großes Festland immer von einer Festlandkruste unterlagert wird, so zeichnet sich für diese Gebiete der Entwicklungsgang nicht von der ozeanischen Kruste über einen Übergang zur Festlandkruste ab, sondern umgekehrt, von der Festlandkruste zur Übergangskruste hin zu ozeanischen.

Fehlen auf dem Grund der Ozeane ältere als mesozoische Ablagerungen, was wir mit vielen Wissenschaftlern als feststehende Tatsache ansehen, so ist sie mit dieser Hypothese auch nicht vereinbar, weil sie davon ausgeht, daß die Ozeane die ältesten Bildungen mit einer ursprünglich nicht differenzierten Kruste sind.

### Die Hypothese der Kontinentaldrift

Auf einige Fragen, die die Hypothese der Differenzierung nicht zu lösen vermochte, versuchte die Hypothese der Kontinentaldrift eine Antwort zu finden. Die von A. WEGENER Anfang unseres Jahrhunderts entwickelte Hypothese trat in den zwanziger und dreißiger Jahren fast völlig in den Hintergrund, gewann aber in den letzten zwanzig Jahren erneut Verbreitung, hauptsächlich im Zusammenhang mit einigen paläomagnetischen Untersuchungsergebnissen, durch die diese Hypothese gestützt wurde. Übrigens ist diese Hypothese im Vergleich zu ihrer ursprünglichen Form gegenwärtig bedeutend modifiziert worden.

Bekanntlich stellte die Drifttheorie ursprünglich den Atlantischen und Indischen Ozean dem Pazifik scharf gegenüber, indem sie die ersten beiden als sekundäre, infolge des Driftens der Kontinente „sich öffnende" Ozeane und den dritten als primären Ozean betrachtete. Nach der Drifttheorie sind auch die Rand- und Mittelmeere sekundär, da sie sich durch Auseinanderbewegung der sie umrahmenden Festlandsbereiche bildeten.

Die Drifttheorie erklärte das Abschneiden der Festlandsstrukturen an den Kontinenträndern durch Spaltung der Kontinente und Auseinanderbewegung ihrer Teile. Paläogeographische Fakten, die auf die einstige Existenz von Festland am Ort der Meere und Ozeane hinweisen, wurden damit erklärt, daß dieses Festland nicht an seiner ursprünglichen Stelle absank, sondern sich seitwärts fortbewegte.

Doch auch vor dieser Hypothese — in dieser Form — erhob sich eine Reihe fataler Fragen, auf die keine Antworten gefunden wurden. So wies das Studium der Ozeane nach, daß es keine Anzeichen für ältere Bildungen des Stillen Ozeans gibt. Alle Ozeane erwiesen sich in ihrem geologischen und geophysikalischen Bau als gleich. Die These über die Teilung der Ozeane in primäre und sekundäre wurde abgelehnt. Ihr widersprach auch die beobachtete Gleichheit des mittleren Wärmestroms auf den Kontinenten und in den Ozeanen. Die sich über einige hundert Millionen Jahre erhaltende stabile Lage der Gebiete langsamer Senkung und Hebung (Syneklisen und Anteklisen) auf den alten Tafeln (zum Beispiel der Moskauer Syneklise oder der Kongo-Syneklise) widerspricht der Idee einer Kontinentdrift auf dem Mantel, da die Ursachen dieser langsamen Senkungen und Hebungen bekanntlich im Mantel in einer Teufe von einigen hundert Kilometern zu suchen sind.

Die Stabilität der tektonischen Zonen kann nur dann mit der Drifttheorie in Einklang gebracht werden, wenn angenommen wird, daß nicht nur die Kruste, sondern die Kruste gemeinsam mit dem oberen Mantel als Schicht mit einigen hundert Kilometer Mächtigkeit driftet. Dasselbe erfordern auch die Unterschiede in der Zusammensetzung des kontinentalen und ozeanischen oberen Mantels, die beim Studium der Wärmeflußuntersuchungen entdeckt wurden. Eine Bewegung von Blöcken der Kruste und des oberen Mantels mit einigen hundert Kilometer Mächtigkeit anzunehmen, dürfte aber auf unüberwindbare mechanische und physikalisch-chemische Schwierigkeiten stoßen.

Es muß noch bemerkt werden, daß — verleiht man dem Problem der Bildung von Kontinenten und Ozeanen in ihrer gegenwärtigen Gestalt vorrangige Bedeutung — die vorliegende Hypothese einfach solche Fragen übersieht, wie die Ursachen und die Gesetzmäßigkeiten der Entwicklung von Schwingungsbewegungen der Erdkruste, die verschiedenen Faltungstypen, den Magmatismus und den Metamorphismus, also all das, was die Grundlage für die Aktivität der kontinentalen Kruste ausmacht. Einige dieser Erscheinungen werden überhaupt ignoriert, andere bis zur völligen Entstellung schematisiert.

### Die Hypothese des „Auseinanderfließens" des Ozeangrundes

Eine Modifizierung der Drifthypothese stellt die Hypothese vom „Auseinanderfließen" des Ozeangrundes dar. Sie berücksichtigt die neuesten Erkenntnisse über das junge Alter der Sedimente im Ozean und geht davon aus, daß sich die ozeanische Kruste periodisch erneuert. Die letzte Erneuerung fand zu Beginn des Mesozoikums statt. Alle Ozeane sind in diesem Sinne gleichberechtigt; sie alle erlebten zu gleicher Zeit eine Erneuerung ihres Bodens. Sie erfolgte durch aufsteigendes Mantelmaterial, das die Brüche der Rifttäler auf den Medianrücken zum Aufstieg benutzte. Dieses Material floß beim Austritt an die Oberfläche nach beiden Seiten auseinander, als Ergebnis bilden sich die neue ozeanische Kruste und ein neuer Ozeanboden. Die alte Kruste wird durch die allgemeine Strömung unter die benachbarten Kontinente getragen, wo sie unter Geosynklinalen (oder Tiefseegräben) der absteigende Ast des Konvektionsstromes zurück in den Mantel zieht. In letzterem löst sich die alte Kruste auf. Die von den Medianrücken auseinanderfließenden Ströme treiben die Kontinente so lange auseinander, bis ihre Lage nicht durch das Gleichgewicht aufeinander einwirkender Gegenströme bestimmt wird. Diese Hypothese muß notwendigerweise von einer serpentinitischen Zusammensetzung der Hauptschicht der ozeanischen Kruste ausgehen: Sie kann nicht aus Gabbro- oder Basaltmaterial bestehen, wenn sie als Ergebnis des Aufstiegs ultrabasischen Mantelmaterials entsteht.

Diese Hypothese kann ebenfalls auf eine Reihe ernster Fragen keine Antwort geben. Führen wir einige von ihnen an.

Wenn die ozeanische Kruste serpentinitisch ist und der obere Temperaturbereich für die Serpentinitisierung 500° C beträgt, warum liegt dann die Mohorovičić-Diskontinuität in den Ozeanen sehr stabil in einer Tiefe, in der diese Temperatur bekanntlich nicht erreicht wird, und warum ist sie so scharf ausgebildet? Wie bildete sich die Serpentinitkruste in Meeren, in denen es keine Rifttäler gibt (zum Beispiel im Ochotskischen, Japanischen oder Karibischen Meer) und wo Krusten des subozeanischen Typs festgestellt wurden? Wie erklärt sich die Gleichheit der mittleren Wärmeströme auf den Kontinenten und in den Ozeanen? Weshalb gibt es keinerlei Deformationen des Ozeanbodens in der Nähe von Kontinenten, wo der Boden unter den Kontinent „fließt"? Wie erklärt sich die erwähnte lang anhaltende Stabilität der Lage tektonischer Zonen auf den Festlandtafeln? Wenn die Geosynklinalen über den absteigenden, d. h. über den kältesten, Ästen der Konvektionsströme liegen, wie können dann die Anzeichen eines erhöhten Wärmeflusses in Form der Regionalmetamorphose und der Granitisierung erklärt werden, die typisch für Geosynklinalen sind?

Dem muß hinzugefügt werden, daß es lediglich für den Atlantischen Ozean ziemlich einfach ist, sich ein Schema tiefer Konvektionsströme vorzustellen, daß es jedoch bisher noch niemandem gelungen ist, ein zufriedenstellendes Schema der Konvektionsströme für die gesamte Erdoberfläche als Ganzes zu schaffen. Afrika zum Beispiel bietet schon ein unlösbares Problem: In Afrika gibt es keine meridionale Faltenzone, unter die der allgemeine absteigende Strom fließen und Gegenströme zu den vom Mittelatlantischen und Indischen Rücken ausgehenden Strömen hätte bilden können. Eine unerklärliche Komplizierung stellt auch das Ostafrikanische kontinentale Rift dar, das die unmittelbare strukturelle Fortsetzung des Mittelindischen ozeanischen Rifts ist. Weshalb steigen in ihm keine Stoffe des Mantels auf? Denn bekanntlich liegt das Ostafrikanische Rift auf einer gewöhnlichen Kontinentalkruste! Hydrodynamisch völlig unmögliche Konstruktionen der suprakrustalen Strömungen sind notwendig, um irgendwie die angenommene Nord—Süd-Verlagerung Hindustans, die Bildung der Faltung im Gebiet des Mittelmeeres, das Verhältnis des meridionalen Rückens im Pazifik zu den ihn umgebenden Faltenzonen und vieles andere zu erklären.

Wenn solche Schwierigkeiten schon bei dem Versuch auftreten, die Verteilung der allerjüngsten Faltenzonen in Abhängigkeit von der Lage der Rifts zu erklären, so nehmen die Schwierigkeiten immens zu, wenn wir uns erinnern, daß die Lage der Geosynklinalen in früheren tektonischen Zyklen anders war und die diesen Zyklen zugehörigen Rifts uns überhaupt unbekannt sind. Wie entstanden die Strukturen im Laufe der vergangenen tektonischen Zyklen? Und wie folgten die Geosynklinalen der verschiedenen Zyklen in ihrer Entwicklung einem prinzipiellen Schema des Ablaufs und der Wechselbeziehungen tektonischer und magmatischer Prozesse, wenn sie ununterbrochen — getragen von Konvektionsströmen — von einem Ort zum anderen wanderten? Die Anhänger dieser Hypothese bemühen sich ebenfalls, uns davon zu überzeugen, daß sich zusammen mit dem auseinanderfließenden ozeanischen Boden auf dem Rücken des Stromes auch die Vulkane fortbewegten, ohne ihre Aktivität einzustellen. Wie können sie die Verbindung zu ihren Herden nicht verlieren, die sich unter der Kruste befinden?

Trotz alledem gibt es Erscheinungen, die zugunsten der Drifthypothese der Kontinente u. a. auch für die zuletzt behandelte Modifikation sprechen. Außer dem Parallelismus gegenüberliegender Küsten (sowie der Schelfränder) des Atlantischen Ozeans, was natürlich verlockend ist, durch einen Riß eines einheitlichen Kontinents zu erklären, gehören dazu als wichtigste Zeugen zugunsten dieser Hypothese die paläomagnetischen Untersuchungsergebnisse. Die Abweichungen der Pollagen in den verschiedenen geologischen Perioden, die einerseits in Europa und andererseits in Nordamerika erhalten wurden, können als allmähliches Entfernen des einen Kontinents vom anderen interpretiert werden. Es werden auch paläoklimatische Argumente angeführt, die sich hauptsächlich auf die Deutung der oberpaläozoischen Vereisung in der südlichen Hemisphäre stützen, sowie paläogeographische und strukturelle Argumente. Letztere weisen auf die Ähnlichkeit im geologischen Bau beider Seiten des Atlantischen Ozeans und sogar auf die Fortsetzung einiger Strukturelemente auf einem Ufer hin, die auf dem anderen beginnen, usw.

Da die geologischen und paläogeographischen Argumente auch eine andere Interpretation zulassen, wie viele Autoren gezeigt haben, sind die paläomagnetischen Untersuchungen die stärkste Stütze der Hypothese. Man kann noch hinzufügen, daß auch die streifenartige Anordnung von abwechselnd direkt und umgekehrt gerichteten Magnetanomalien auf dem Grund des Ozeans, mit paralleler Lage zum Rifttal, von einigen Wissenschaftlern als Bestätigung eines auseinanderfließenden Ozeanbodens angesehen wird. Aus der Entfernung von Streifen mit unterschiedlicher magnetischer Polarisierung und mit Hilfe der Chronologie der Inversion des irdischen Magnetfeldes werden die Geschwindigkeiten dieses Auseinanderfließens errechnet.

Trotz der positiven Zeugnisse seitens der geomagnetischen Beobachtungen steht die Drifthypothese in einem so entscheidenden Konflikt mit anderen geophysikalischen und einer Reihe geologischer Daten, daß die Frage entsteht, ob die paläomagnetischen Werte gegenwärtig richtig interpretiert werden und ob die ihrer Interpretation zugrunde liegende Vorstellung richtig ist, daß das Magnetfeld der Erde immer die gegenwärtige Struktur hatte, ob ausreichend die Einwirkungen berücksichtigt wurden, die die Gesteine erfahren, so daß sie die Magnetisierung behielten, die sie bei ihrer Bildung erfuhren. Schließlich ziehen die ungeheuren Abweichungen zwischen den individuellen paläomagnetischen Bestimmungen die Aufmerksamkeit auf sich, aus denen der statistische Mittelwert bestimmt werden muß. Die streifenartige Anordnung der magnetischen Anomalien des Ozeanbodens erweist sich bei detaillierten Untersuchungen als ziemlich ungeordnete Kombination von Flecken.

### Die Expansionshypothese

Es wurde die Expansionshypothese der Erde formuliert. Sie nimmt an, daß der Erdball ursprünglich so klein war, daß die heutigen Kontinente seine ganze Oberfläche bedeckten. Mit zunehmendem Umfang des Erdballs spaltete sich der einheitliche Kontinent in Stücke, die sich auseinanderbewegten; zwischen ihnen gelangte das Material des Mantels an die Oberfläche, das den ozeanischen Boden bildet.

Der Einwand gegen die Drifthypothese, der sich auf die Gleichheit des mittleren Wärmeflusses auf den Kontinenten und in den Ozeanen bezieht, behält auch hier seine Gültigkeit. Da die Abstände zwischen den Kontinenten unterschiedlich sind, und die Erde ihre sphärische Form beibehielt, konnte die heutige Anordnung der Kontinente nicht ohne ihre relative horizontale Verlagerung erfolgen. Damit kehren wir zu der vorhergehenden Hypothese mit all ihren Widersprüchen zurück. Deshalb wollen wir hier nicht die Probleme hinsichtlich der Ursachen einer so großen und schnellen — vom Ende des Paläozoikums bis heute erfolgten — Volumenzunahme der Erde behandeln. Die in der Literatur dazu geäußerten Meinungen gehen nicht über äußerst unbestimmte Annahmen hinaus.

### Die Hypothese der „Ozeanisierung“

Der Drift- und Expansionshypothese wird die Hypothese der „Ozeanisierung“ gegenübergestellt. Nach ihr erfolgte die Bildung der Ozeane als Ergebnis der Zerstörung einer ursprünglich vorhandenen Kontinentkruste, die in Schollen zerstückelt wird, die ihrerseits in den Mantel eintauchen und dort aufgelöst werden. Es wird angenommen, daß im Prozeß lang anhaltender radioaktiver Erwärmung des Erdballs Material des oberen Mantels teilweise schmolz, sich differenzierte und überall zur Bildung einer Kruste vom Kontinentaltyp führte. Die weitere radioaktive Erwärmung des Erdinnern führte am Ende des Paläozoikums oder zu Beginn des Mesozoikums in einigen Gebieten zum vollständigen Schmelzen des ultrabasischen Materials. Dieses wurde von heftigen vulkanischen Prozessen begleitet, in deren Verlauf die Erdkruste mit basischen und ultrabasischen Intrusionen durchsetzt, in Schollen zergliedert und durch Wärmeeinwirkung in ihr metamorphe Umwandlungen hervorgerufen wurden. Letztgenannter Vorgang ist mit der Ausscheidung von Wasser und einer Zunahme der Dichte verknüpft. Das Erkalten der Intrusiva trug ebenfalls zum Anwachsen der Dichte bei. Die durch die Verfestigung und eigenem Material sowie durch Intrusionen schwerer gewordenen Krustenschollen versanken im oberen Mantel, schmolzen allmählich und lösten sich in ihm auf. An der Oberfläche nahmen Basaltergüsse ihren Platz ein.

Die neuesten Ergebnisse der experimentellen Arbeiten von A. RINGWOOD und seinen Mitarbeitern weisen auf eine weit größere Möglichkeit der Eklogitbildung als Folge des Metamorphismus in der kontinentalen Kruste hin, als früher vermutet wurde. Die im Vergleich zu den Schichten des oberen Mantels größere Dichte der Eklogite spricht für die prinzipielle Möglichkeit des erläuterten Mechanismus. Nebenbei bemerkt, nimmt RINGWOOD selbst an, daß Eklogitschollen, die sich bei der Erkaltung von Basalten und anderen Gesteinen an der Sohle der Kruste bildeten, in den Mantel versinken und hier durch Ausschmelzen Andesitmagma liefern. So läßt sich der ungeheure Umfang der Andesitergüsse in den Randgebieten des Pazifiks erklären.

Die Hypothese der „Ozeanisierung“ beseitigt praktisch alle Einwände, die gegen die Drift- und die Expansionshypothese erhoben wurden. Sie erklärt die Gleichheit der mittleren Wärmeströme auf den Kontinenten und in den Ozeanen. Sie geht dem Konflikt zwischen Festlands- und ozeanischer Geologie aus dem Wege, da die Kontinente an Ort und Stelle bleiben und sich in Abhängigkeit von den Prozessen entwickeln, die im oberen Mantel unmittelbar unter ihnen ablaufen, und da die Entwicklung der Ozeane mit den Bereichen des oberen Mantels verbunden ist, die sich unter ihnen befinden. Die Tektonosphäre erweist sich als unterteilt in vertikale Blöcke, die sich in unterschiedlichem Maße selbständig entwickeln. In den Ozeanen atlantischen Typs sind die Mittelrücken Zonen, in denen der Prozeß der „Ozeanisierung“ noch andauert, während er außerhalb der Rücken — in den ozeanischen Becken — abgeschlossen ist. In den Gebieten mit Peripherien des pazifischen Typs sind gerade die Peripherien ein Schauplatz verstärkter Ozeanisierung, die hier in Konflikt mit den Gegenprozessen der Differenzierung und des Wachstums der Kontinentalkruste in den zirkumpazifischen Geosynklinalen tritt. Die Inselbögen und Rücken, die den Stillen Ozean umgeben, sind Gebiete eines solchen Konflikts entgegengesetzt verlaufender Tiefenprozesse, was auch ihre intensive seismische und vulkanische Aktivität erklärt. Die schrägen Tiefenbrüche, die den Stillen Ozean umgeben, trennen die Gebiete mit kontinentaler Differenzierung von solchen mit ozeanischer Homogenisierung.

Die Zwischentypen der Kruste werden von der vorliegenden Hypothese als Übergangsstadien von der Festlandkruste zur ozeanischen Kruste gedeutet. Durch die allmähliche Basifizierung der Kruste lassen sich die Absenkungen der ozeanischen Peripherien und des gesamten Stillen Ozeans mit seinen Guyots erklären.

Die Einwände gegen diese Hypothese betreffen hauptsächlich den Mechanismus der „Ozeanisierung“. Um ein ausreichend tiefes Absinken von Kontinentkrustenteilen in den Mantel zu bewirken, ist das Aufsteigen einer sehr großen Menge ultrabasischen Materials in die Kruste notwendig, das wahrscheinlich den Umfang der Festlandskruste übertrifft. Dabei müßte solch ein Aufstieg geologisch schnell verlaufen — im Zeitraum von weniger als 100 Millionen Jahren. Das sieht nach einem ernsthaften Kataklysmus aus, und es ist sonderbar, daß außerhalb der Ozeane Spuren im Grunde nicht zu bemerken sind. Das könnten die Trappergüsse des oberen Paläozoikums und Mesozoikums in Sibirien, Indien und Südamerika sein. Bisher ist die Lokalisierung des Prozesses der Krustenzerstörung nicht erklärt worden, seine Gebundenheit gerade an jene Gebiete, die gegenwärtig von Ozeanen bedeckt werden. Es wurden bisher keine Stellen entdeckt, wo Zwischenstadien der „Ozeanisierung“ zu beobachten waren, die in deutlicher Form den Mechanismus eines solchen Prozesses demonstrieren würden. Die Zwischenstadien wären besonders zum Verständnis darüber wichtig, auf welche Weise an Stelle entwickelter subozeanischer Kruste die Zerstörung der „Granit“-Schicht bei Erhaltung der „Basalt“-Schicht erfolgt. Es wurde erwähnt, daß der Argongehalt der Erdatmosphäre dem von dieser Hypothese angenommenen Prozeß widerspricht.

Vielen scheint es zweifelhaft, daß es bis zu Ende des Paläozoikums auf der Erde keine Ozeane von derzeitiger Gestalt gegeben hat und lediglich seichte Meere auf der Festlandkruste existierten. Die schroffe Vergrößerung der Wassermenge auf der Erde am Ende des Paläozoikums und zu Beginn des Mesozoikums ist ein Prozeß, der schwer zu verstehen ist.

## Gegenwärtig noch ungenügende Kenntnisse über den Charakter der Tiefenprozesse

Die Existenz verschiedener Hypothesen über die Entwicklung der Erdkruste und den oberen Mantel sowie jene Widersprüche, auf die jede von ihnen stößt, weisen ein übriges Mal auf die Unvollkommenheit unseres Wissens hin. Uns fehlen die grundlegendsten Fakten, um die beobachteten Erscheinungen in Übereinstimmung zueinander zu bringen und ein genügend begründetes Schema der Tiefenprozesse aufzustellen.

Für die Untersuchung der Zusammensetzung der Kruste sind Tiefbohrungen notwendig. Notwendig sind weitere Untersuchungen der Eigenschaften der Silikate bei hohen Drücken und Temperaturen, um die Bedingungen ihres Schmelzens und ihrer Kristallisation, der Differenzierung und Homogenisierung sowie der Phasenübergänge zu klären. Ebenso sind spezielle Untersuchungen über die natürlichen Bedingungen und das Wesen der Metamorphoseprozesse notwendig.

Für die Kontinente sind eine neue Systematisierung der Fakten über die räumlichen und zeitlichen Beziehungen zwischen den tektonischen, metamorphen und magmatischen Prozessen sowie ein Vergleich des Tiefenbaus der verschiedenen tektonischen Zonen erforderlich.

Für die Ozeane brauchen wir dringend Angaben über die Zusammensetzung und das Alter des Materials der zweiten und dritten Schicht der Kruste. Spezielle Untersuchungen müssen die bislang völlig unbekannten Details des Übergangs von der Festlandkruste zur Zwischenkruste und zur ozeanischen Kruste erhellen. Von besonderem Interesse ist die Untersuchung der Beziehungen zwischen den Strukturen auf der ozeanischen Kruste und den Strukturen auf der Festlandskruste. Der Malediven—Lakkadiven-Tiefseerücken stößt offenbar direkt an das Dekan-Plateau mit seinen Basaltergüssen. Die Ketten der submarinen Vulkane im Golf von Guinea sowie des Walfisch-Rückens setzen sich anscheinend als Ketten der magmatischen Erscheinungen auf dem afrikanischen Kontinent fort. Die Insel Madagaskar, die eine Festlandkruste hat, setzt sich südwärts als Unterseerücken fort, der bereits durch eine ozeanische Kruste charakterisiert wird. Die gleiche Erscheinung ist in südlicher Fortsetzung von Neuseeland zu beobachten. Von außerordentlichem Interesse ist das Gebiet der Seychellen. Auf ihnen wurde eine Festlandkruste angetroffen. Jedoch südlich, längs des Maskarenen-Rückens, stellen wir einen sehr schnellen Übergang zur ozeanischen Kruste über die Kruste vom Typ vulkanischer Rücken fest. Würden sich nicht gerade hier bestimmte Beweise für den Prozeß der „Ozeanisierung" erbringen lassen?

## Abschließende Einschätzung

Zum Schluß können wir bei der Einschätzung des allgemeinen Standes der Wissenschaft über die feste Erde feststellen, daß zur Zeit in ihnen eine bestimmte Asymmetrie zu beobachten ist: In den neuesten Zusammenfassungen wird den Angaben, die in der letzten Zeit bei der Untersuchung der Ozeane erhalten wurden, sehr große Aufmerksamkeit gewidmet, während die Ergebnisse der früheren langjährigen Untersuchungen der Geologen und Geophysiker auf den Kontinenten oft in Vergessenheit geraten. Psychologisch ist das verständlich, weil in der letzten Zeit die Erfolge bei der Untersuchung der Ozeane gewaltig sind. Sie eröffneten vor uns eine neue Welt von Erscheinungen. Neue und dazu noch ungewöhnliche Ergebnisse hypnotisieren und überstrahlen vieles Ältere und Gewohnte.

In den zwei Jahrhunderten ihrer Existenz sammelte die Geologie ein riesiges Material über den Bau und die Gesetzmäßigkeiten der kontinentalen Entwicklung. Es wurden auch nicht wenige geophysikalische und geochemische Informationen zusammengetragen.

Die Kontinente dürfen nicht als „tote Rahmen" der Ozeane betrachtet werden. Sie besitzen ein kompliziertes und gesetzmäßiges tektonisches und magmatisches Leben.

Die ungenügende Beachtung der Festlandgeologie führt zum Verlust des Historismus in den geologischen Wissenschaften. Das Material der historischen Geologie ist fast vollkommen auf die Kontinente konzentriert. Infolge verständlicher Umstände beginnt erst das historische Herangehen an die Lehre vom Bau der ozeanischen Senken einzudringen. Vom Standpunkt des historischen Herangehens ist es unverzeihlich, das gesamte geologische Leben der Kontinente auf die Bildung junger alpidischer Faltenzonen zu reduzieren. Die tektonische Geschichte der Kontinente ist bei weitem komplizierter. Ein solches Herangehen sollte es nicht gestatten, in der Bildung der mesozoisch-känozoischen Geosynklinalen und der Riftzonen zwei Seiten eines einheitlichen Prozesses zu sehen, da die geologischen Angaben darauf hinweisen, daß sich die Riftzonen nicht früher als gegen Ende des Paläogens entwickelt haben, während sich die mesozoisch-känozoischen Geosynklinalen schon zu Beginn des Mesozoikums entwickelten.

Zusammenfassende Konzeptionen sollten auf gemeinsamer und ausgewogener Nutzung sowohl der „ozeanischen" als auch der „kontinentalen" geologischen, geophysikalischen und geochemischen Angaben aufgebaut sein. Wenn diese Angaben einander widersprechen, so sollte dem Widerspruch nicht künstlich durch willkürlichen Vorzug der „einen Seite" aus dem Wege gegangen werden; er muß speziell untersucht werden, seine Ursachen und seine Natur müssen endgültig geklärt werden. Hier soll es keine Sieger und Besiegte geben, sondern volle und gleiche Achtung sowohl der Erkenntnisse der neuen Wissenschaft über die Ozeane als auch der Errungenschaften der klassischen Wissenschaft über die Kontinente. Es sollte nicht außer acht gelassen werden, daß die Kenntnisse über den Bau und die Entwicklung von Ozeanen gegenwärtig weit schematischer sind als die analogen Angaben über die Kontinente. Hieraus sollte nicht gefolgert werden, daß für Zusammenfassungen, die die Ozeane und Kontinente betreffen, die Kenntnisse über die Kontinente einer solchen Schematisierung unterworfen werden müßten, die sie auf den Stand der Angaben über die Ozeane bringt. Gerade die übermäßige Schematisierung ist oft das Grundübel, das in eine Sackgasse führt. Es wäre sehr bedauerlich, wenn die von der Festlandgeologie ausgearbeiteten Gesetzmäßigkeiten und Mechanismen der geologischen Prozesse zwecks Anpassung unserer Vorstellungen an die schematischeren Angaben über die Ozeane verloren gingen.

Nur wenn die Angaben der Festlands- und der ozeanischen Geologie und Geophysik vereinigt werden, können wir hoffen, im Laufe absehbarer Zeit die Grundlage für eine echte Theorie der Tiefenprozesse zu schaffen, eine Theorie, die nicht nur wissenschaftliche, sondern auch praktische Bedeutung besitzt, da sie uns neue Türen zu den mineralischen und energetischen Reichtümern des Erdinnern öffnet.

Zeitschrift für angewandte Geologie, Bd. 16 (1970), Heft 1


# Informationen

### Erdöl im litauischen Ostseeküstenbereich

Die in der zweiten Tiefbohrung in Gargždai bei Klaipeda (Litauische SSR) erzielten Ergebnisse lassen den Schluß zu, daß das Paläozoikum im Ostteil der Ostsee für Sucharbeiten auf Kohlenwasserstofflagerstätten als perspektivisch zu gelten hat. Es besteht durchaus die Möglichkeit, hier ergiebige Erdöl- und Erdgaslagerstätten zu finden.

Die erste Bohrung hatte eine Endteufe von ca. 2000 m. Die genannte zweite Bohrung erreichte wie die erste eine Tagesleistung von ca. 50 t Erdöl mit einem spezifischen Gewicht von 0,81. Es ist frei von Schwefel.

Auch bei der weiter nordöstlich gelegenen Ortschaft Plunge wurde Erdöl gefunden. Geplant sind weitere Suchbohrungen im Gebiet von Plunge und auf Mierzeja Koronska in den nahen Küstengewässern.

Auch im Gebiet südlich von Klaipeda haben Bohrungen bei Stoniškis bereits im Jahre 1950 in Teufen von 1745 und 2100 m erdgasführende Horizonte angefahren. Gegenwärtig umfaßt das für Erdöl und Erdgas perspektivische Gebiet in der Litauischen SSR insgesamt 29000 km².

### Entwicklung des Erdölreviers Szeged

Die Regierung der Ungarischen VR hat mit dem Erdöl- und Erdgasrevier von Szeged große Pläne. Demnächst werden dort 180 Sonden in Betrieb stehen. Bis 1974 wird sich ihre Anzahl auf 270 erhöhen. Die derzeitige Produktion auf Erdöl in diesem Revier beträgt 260000 t pro Jahr. Sie wird sich bis 1970 auf 1 Mill. t steigern.

Mit einem Aufwand von 3,2 Mrd. Ft. ist dort ein Aufbauprogramm angelaufen, das 1974 abgeschlossen sein soll. Eine Erdgasaufbereitungsanlage wird entstehen, die Erdölleitung Algyö—Szazhalombatta und die Erdgasleitung zwischen Algyö und Budapest werden bis dahin dem Betrieb übergeben.

### Zur Erdölentwicklung in der VAR

Trotz der militärisch angespannten Lage geht die ägyptische Erdölsuche in der Zone am Suez-Kanal und bei El Alamein weiter. Im S von Morgan konnte durch die Amal-Bohrung eine neue Erdöllagerstätte angefahren werden. Nördlich davon werden die Sucharbeiten, zunächst noch ohne bedeutsames Ergebnis, fortgesetzt. Die Produktion von El Alamein soll 1970 auf 1,8 Mill. t gesteigert werden. Dieses Öl gelangt vorläufig nicht zum Verkauf, sondern wird der Raffinerie von Alexandrien zugeleitet.

### Erdölsuche an Afrikas Westküste

Die Sucharbeiten auf Erdöl und Erdgas in Afrika verlagern sich allmählich (nach PPS 1969/3) von dessen Nordküste über Marokko entlang der gesamten Westküste des Kontinents. Seitdem in den Meeresbuchten von Nigeria, Gabun und Cabinda ertragreiche Kohlenwasserstofflagerstätten gefunden worden sind, spiegelt die große Anzahl von Konzessionen, die sich fast geschlossen über den gesamten Westküstenbereich hinzieht, die Hoffnung auf das Antreffen weiterer großer Lagerstätten wider. Von besonderer Bedeutung sind hierbei die Südzipfel von Marokko, der Land- und Küstenbereich von Spanisch-Sahara, Senegal und Gambia, ferner die Elfenbeinküste, Nigeria, Gabun und Angola. Große Betriebsamkeit herrscht z. Z. im Golf von Guinea. Hier sind allein 17 namhafte Ölgesellschaften vertreten, obwohl die bisherigen Arbeiten zum größten Teil ergebnislos verlaufen sind.

### Neues Erdölfeld in Argentinien

Mit der Fundbohrung Caimancito 1 im äußersten NW des Landes ist eine neue, anscheinend sehr ertragreiche Erdöllagerstätte angefahren worden. Die Endteufe der Bohrung wird (laut „PPS", 4/69) mit etwa 4000 m angegeben. Der Fördertest ergab eine Tagesförderung von 432 m³ leichtem Erdöl und 158000 m³ Erdgas. Im Gegensatz dazu liegen die Durchschnittswerte aller argentinischen Erdölsonden bei nur ca. 11 m³ Erdöl.

Der Fund liegt etwa 90 km nordöstlich von San Salvador in der Provinz Jujuy. Die Lage ist insofern besonders günstig, als in der Nachbarschaft die Rohölpipeline von Campo Durán nach Buenos Aires vorbeiführt, an die das Feld ohne große Schwierigkeiten angeschlossen werden kann.

### Untermeerische Lagerstätten

In der zweiten Hälfte des vergangenen Jahres fand in Tokio eine Konferenz statt, in deren Verlauf alle bisher getätigten Beobachtungen über untermeerische Verhältnisse und die dort anzutreffenden Lagerstätten zusammengetragen wurden. Dabei ergab sich global folgendes Bild:

Die gesamte Erdoberfläche beträgt ca. 510 Mill. km². Davon sind wasserüberdeckt:

| | |
|---|---|
| ca. 71% = etwa | 360 Mill. km² |
| Zum Festland zählen: | |
| ca. 29% = etwa | 150 Mill. km² |
| | 510 Mill. km² |

Die Wasserverteilung auf den beiden Hemisphären ist ungleich und zwar:

Südhemisphäre ca. 81% der Oberfläche,
Nordhemisphäre ca. 61% der Oberfläche.

Interessant ist eine Aufgliederung der Meereszonen in Tiefenschnitten. Es umfassen:

| | | | |
|---|---|---|---|
| 0 – 200 m = | 7,6% | der Fläche = | $27{,}4 \cdot 10^6$ km² |
| 200 – 1000 m = | 4,3% | „ „ = | $15{,}5 \cdot 10^6$ km² |
| 1000 – 2000 m = | 4,2% | „ „ = | $15{,}2 \cdot 10^6$ km² |
| 2000 – 3000 m = | 6,8% | „ „ = | $24{,}6 \cdot 10^6$ km² |
| 3000 – 4000 m = | 19,6% | „ „ = | $70{,}9 \cdot 10^6$ km² |
| 4000 – 5000 m = | 33,0% | „ „ = | $119{,}0 \cdot 10^6$ km² |
| 5000 – 6000 m = | 23,3% | „ „ = | $84{,}0 \cdot 10^6$ km² |
| 6000 – 7000 m = | 1,1% | „ „ = | $4{,}0 \cdot 10^6$ km² |
| tiefer als 7000 m = | 0,1% | „ „ = | $0{,}4 \cdot 10^6$ km² |

Die mittlere Tiefe der Meere ist annähernd —3800 m im Gegensatz zu der mittleren Höhe der Kontinente mit +840 m. Das Volumen der Ozeane beträgt schätzungsweise 1370 Mill. km³.

Die Suche nach verschiedenen Erzen und besonders nach Kohlenwasserstoffen richtet sich nach dem Stand der Technik. In den direkten Untersuchungsbereich einbezogen sind 27,5 Mill. km². Die gesamte meerüberdeckte Fläche verdient unterschiedliches Interesse. Ein großer Teil von ihr stellt Zonen dar, die Kristallinmassiven mit nur geringfügiger Sedimentüberdeckung gleichen. Diese Zonen fallen für die Erdölsuche aus. Für Erdöl und Erdgas verdienen folgende Bereiche Aufmerksamkeit:

2,4 Mill. km² in einer Tiefe von 0— 20 m,
3,9 Mill. km² in einer Tiefe von 20—100 m,
0,7 Mill. km² in einer Tiefe von 100—200 m.

In diesen Bereichen spielen andere mineralische Rohstoffe — außer den Kohlenwasserstoffen — ebenfalls eine große Rolle. Im einzelnen handelt es sich um:

a) submarine Seifen von Zinn, Gold, Platin, Diamant, Chromit, Titan, Zirkon und Monazit;
b) Kohlenlagerstätten;
c) Schwefellagerstätten, die an Salzdome gebunden sind;
d) schichtige Salz- und Kalisalzlagerstätten;
e) Eisenerz-, Kobalt-, Kupfer- und Molybdänlagerstätten;
f) Phosphorit- und Manganlagerstätten.

Die potentiellen Vorräte mineralischer Rohstoffe in diesen Gebieten sind enorm. Beispielsweise hat man im mittleren Pazifik auf einer Fläche von 10 Mill. $km^2$ eine Menge von 57 Mrd. t Erzknollen festgestellt. Sie enthalten 31% Mn, 1,6% Cu, 1,6% Ni und 0,3% Co. Auch entlang der Südostküste Japans erstrecken sich derartig mächtige Zonen mit Manganknollen. Ähnliches gilt von gewissen Bereichen des Atlantischen und des Indischen Ozeans.

Ein anderes Beispiel bietet der Küstenbereich Kaliforniens. Hier finden sich Phosphoritknollen, -sande und -gesteine. Sie ziehen sich auch an Teilen der Westküste Südamerikas, des afrikanischen und des australischen Kontinents hin und enthalten 10 bis 29% $P_2O_5$.

Die Gewinnung dieser Rohstoffe und der Abbau dieser Lagerstätten werden in der Welt mehr und mehr zu einem aktuellen Problem.

**Bearbeitung der Mondproben**

Einer Information über die von Apollo 11 mitgebrachten Gesteinsproben (in „Geotimes", **14**, 7, 10–13, 1969) ist zu entnehmen, daß eine erste Bearbeitung der Proben im NASA-Laboratorium in Houston erfolgt ist. Dort wurde das Probenmaterial im September an 142 Spezialisten mit über 200 Mitarbeitern zur Untersuchung nach allen möglichen Methoden verteilt, von denen elf in England, sechs in Westdeutschland, drei in Australien, zwei in Kanada und je einer in Belgien, Finnland und der Schweiz tätig sind. Die ersten Ergebnisse wurden bereits kürzlich auf einer Tagung in Houston vorgelegt. Bei der Umlegung der Kosten des Apollo-Programms auf die mitgebrachten Gesteinsproben hat man den Betrag von $ 400 Mill. je lb., d. h. 864000 $ je g errechnet. Die amerikanischen Geologen haben sich gegen diese Methode, die gesamten Kosten durch das Probenmaterial zu decken, verwahrt. H. Reh

**Neuerscheinungen und Literaturhinweise**

Said, R.
Die Geologie Ägyptens
(Übers. aus dem Englischen)
Verlag MIR, Moskau 1965

Autorenkollektiv
Die Umlagerung der Anschwemmungen und die Genese der Schwermineralseifen in der Küstenzone des Meeres
Verlag Nauka, Arbeiten des Instituts für Oeanologie der Akad. Wiss. UdSSR, Band 76, Moskau 1965

Chain, W. J.
Allgemeine Geotektonik
Isdwo „Nedra", Moskau 1964, 480 S,

Songina, O. A.
Die Spurenmetalle
Isdwo „Metallurgija", Moskau 1964, 568 S., 68 Abb., 80 Tab.

Autorenkollektiv
Paläontologie und Stratigraphie (1. Folge)
Iswo „Nedra", Moskau 1964, 178 S.

Winogradow, K. W.
Bewegung des Erdgas-Erdölgemisches in eruptiven Sonden
Moskau 1964, 140 S., 43 Abb.

Sobolew, N. W.
Paragenetische Typen der Granate
Moskau 1964, 220 S., 42 Abb.

Paljanow, P. F., & A. M. Steinberg
Das Niederbringen von Bohrlöchern
Moskau 1964, 356 S., 180 Abb.

# Kurznachrichten

Im Südosten **Frankreichs**, nahe der Stadt Avignon, soll eine neue umfangreiche **Erdöllagerstätte** entdeckt worden sein. Einzelheiten wurden bisher noch nicht bekanntgegeben.

Eine neue bedeutende **Uranlagerstätte** ist in der **Republik Niger**, 250 km nördlich von Agades, entdeckt worden. Das derzeitige Ergebnis der Vorratseinschätzung läßt auf eine Jahresproduktion von 2000 t Uranerz hoffen.

Zum Abschluß umfangreicher geologischer Sucharbeiten konnte kürzlich in Djakarta die Entdeckung neuer **Uran- und Goldlagerstätten** bekanntgegeben werden. Die Lagerstätten befinden sich auf der indonesischen Insel Bangka, östlich von **Sumatra.**

Eine der größten **Eisenerzlagerstätten** der **UdSSR** wird derzeit im Gebiet von Krementschug, in der Ukrainischen SSR, für den Abbau vorbereitet. Die Gewinnung erfolgt im Tagebau. Die Vorräte werden mit über 1 Mrd. t Erz angegeben.

Die **österreichische** Produktion von **Rohmagnesit** betrug im Jahre 1967 1,53 Mill. t. Sie lag damit um rd. 5% unter dem Ertrag von 1966. Die vorhandenen Kapazitäten wurden nur zu 70% ausgelastet.

Mehrere **Goldseifen** und Lagerstätten seltener Metalle sind in **Sibirien** mit Hilfe einer Elektronenrechenmaschine entdeckt worden. Der Rechner wurde zuvor von Prof. Juri Schurawljow programmiert. Die Apparatur ist nicht nur in der Lage, chemisch-mineralogische Elemente aufzuzeigen, sondern auch eine Schätzung der Lagerstättenvorräte zu geben.

Die Quarzsandveredlungsanlage Valeni de Munte ist die größte und modernste dieser Art in **Rumänien.** Sie hat eine Jahreskapazität von 100000 t. Das Rohmaterial stammt aus den **Quarzsandlagerstätten** des Teleajen-Tals. Neue Abbaue wurden bei Gura-Vitiorei in Betrieb genommen.

Im Rayon Kosovo-Metohija, in **Jugoslawien,** wurde eine neue **Bauxitgrube** in Betrieb genommen. Die Vorräte belaufen sich auf 2,5 Mill. t. Der Aluminiumgehalt des Erzes wird mit 53% angegeben. Man rechnet damit, in der gleichen Gegend noch weitere ähnliche Lagerstätten auffinden zu können.

Fast um ein Jahr früher erhält **Moskau** und das hinter der Wolga befindliche mittelasiatische Industriegebiet **Erdgas.** Die erste Zweigleitung der 3000 km langen transkontinentalen Trasse der Gasleitung, die Moskau und das Industriegebiet hinter der Wolga jährlich mit 10 Mrd. $m^3$ Erdgas versorgen wird, wurde beendet.

Die **VAR** prüft z. Z. den Plan für den Bau einer **Pipeline** zwischen dem Golf von Suez und dem Mittelmeer. Als erste Baustufe ist eine 42″-Leitung vorgesehen, durch die jährlich 50 Mill. t Erdöl gefördert werden können.

## In den nächsten Heften

der

# Zeitschrift für angewandte Geologie

erscheinen u. a. folgende Beiträge

R. Spengler: Neuere Erkenntnisse über die Grundwasserneubildung durch Infiltration in Abhängigkeit von geologischen und anderen Faktoren

H. Rösler & R. Stoll: Zur experimentellen Bestimmung des Schubmoduls aus vibratorseismischen Messungen in situ

V. Manhenke: Die Kartierung der hydrogeologischen Verhältnisse bei der Vorerkundung der Braunkohlenlagerstätte Hatzfeld

T. Kaemmel, J. Pilot, H. J. Rösler & M. Schwab: Radiogeochronologische Daten vom Perm der DDR zur Gewinnung von Eichpunkten für die internationale geochronologische Skala

W. Heidenreich: Kornzerbruch und Scherfestigkeit kohäsionsloser Böden

W. Kraft, F. Garling & J. Matecki: Die hydrogeologischen Verhältnisse in der mittleren Tihama. Ein Beitrag zur Geologie der Jemenitischen Arabischen Republik

H. Eichhof: Zum Berggesetz der Deutschen Demokratischen Republik

F. Schust, R. Striegler & M. Oemler: Bemerkungen zur räumlichen Verteilung von Turmalin-Quarz-Knollen im Eibenstocker Granitmassiv

H. Glander: Neuere Kenntnisse über erhöhte Mineralisationen im genutzten Grundwasserleiter innerhalb der Brandenburgischen Rupelprovinz

L. Bojarski: Die Anwendung der hydrochemischen Klassifikation bei Sucharbeiten auf Erdöl

I. Maass, W. Fischer & E. Sontag: $^{12}C/^{13}C$-Untersuchungen an Braunkohleninhaltsstoffen

K. P. Dostal: Zum Standardproblem bei der Präzisionsisotopenanalyse des Kohlenstoffs für isotopenchemische Untersuchungen

H. Jordan & K. Kerkmann: Über faziellökologische Gliederungsmöglichkeiten im Zechstein

O. Leenhardt: Kontinuierliche seismische Präzisionsprofilierung




Herausgeber: Zentrales Geologisches Institut im Auftrag des Staatssekretariats für Geologie beim Ministerrat der Deutschen Demokratischen Republik. Für die kollektive Chefredaktion: Dr. K. Kauter (Redaktionssekretär), Berlin. Redaktion: 1054 Berlin, Zionskirchstraße 34 (Fernsprecher 42 60 01). Verlag: Akademie-Verlag GmbH, 108 Berlin, Leipziger Straße 3–4 (Fernsprecher 22 04 41, Telex 0112020, Postscheckkonto: Berlin 35021). Bestellnummer des Heftes 1047/16/1. Alleinige Anzeigenannahme DEWAG-WERBUNG, 102 Berlin, Rosenthaler Str. 28–31, und alle DEWAG-Betriebe in den Bezirksstädten der DDR. Die „Zeitschrift für angewandte Geologie" erscheint monatlich, Exportpreis: M 6,– Sonderpreis für die DDR M 2,– je Heft. – Satz und Druck: VEB Druckhaus „Maxim Gorki", 74 Altenburg. Veröffentlicht unter der Lizenznummer 1279 des Presseamtes beim Vorsitzenden des Ministerrates der Deutschen Demokratischen Republik, Kartengenehmigung Nr. 969/69, 1039/69.

FSC
www.fsc.org
MIX
Papier | Fördert gute Waldnutzung
FSC® C083411

Zeitfracht Medien GmbH
Ferdinand-Jühlke-Straße 7
99095 Erfurt, Deutschland
produktsicherheit@kolibri360.de